做工匠

——平面设计与制作

于 斌　韩乃丽　主编

清華大学出版社
北京

内 容 简 介

Photoshop CC是当今主流的图形图像处理软件，被广泛应用于平面设计与制作领域。本书围绕该软件，在内容安排上力求体现“以岗位需求为导向，以职业技能为核心”的指导思想，将技术性、应用性与示范性贯穿全书，让读者在完成实际案例的过程中学习数字平面设计的知识和技能，提升设计美感和创新能力，培养工匠精神和职业素养。

本书可以作为职业院校艺术设计专业大类学生的教学用书，也可以作为非艺术设计专业及其他相关专业的教学用书，还可以作为有志于从事数字艺术设计工作的初学者的参考用书。

图书在版编目（CIP）数据

做工匠：平面设计与制作 / 于斌，韩乃丽主编 . —北京：清华大学出版社，2024.3
ISBN 978-7-302-65620-3

Ⅰ. ①做… Ⅱ. ①于… ②韩… Ⅲ. ①平面设计—图像处理软件 Ⅳ. ① TP391.413

中国国家版本馆 CIP 数据核字（2024）第 045728 号

责任编辑：张 弛
封面设计：刘 键
责任校对：刘 静
责任印制：宋 林

出版发行：清华大学出版社
网 址：https://www.tup.com.cn，https://www.wqxuetang.com
地 址：北京清华大学学研大厦 A 座 **邮 编**：100084
社 总 机：010-08470000 **邮 购**：010-62786544
投稿与读者服务：010-62776969, c-service@tup.tsinghua.edu.cn
质量反馈：010-62772015, zhiliang@tup.tsinghua.edu.cn
课件下载：https://www.tup.com.cn,010-83470410
印 装 者：三河市人民印务有限公司
经 销：全国新华书店
开 本：185mm×260mm **印 张**：13 **字 数**：265 千字
版 次：2024 年 5 月第 1 版 **印 次**：2024 年 5 月第 1 次印刷
定 价：49.90 元

产品编号：095534-01

前言

本书集工匠精神、设计思维、工作经验和项目实战于一体，以图形图像处理软件 Photoshop CC 为基础，以工匠精神为引领，以真实项目为载体，以岗位需求为导向进行编写。本书采用活页形式，通过简洁的语言、精美实用的案例、行业通用的设计规范，分类分步地呈现图形图像处理软件的主要功能、应用特点和使用技巧，打通学业和就业的绿色通道，达成平面设计"教"与"学"的双重任务。

本书涵盖六个教学项目，项目设计符合职业岗位要求，知识讲解循序渐进，技能掌握水到渠成，使读者从入门到提高，由掌握到应用，高效达成灵活运用图形图像处理软件进行数字艺术设计的教学目的。

本书旨在帮助学习者熟悉工作流程、提升设计技能。可在教师的指导下学习，建议安排 72 学时。也可组建项目式、模块化教学需要的课程教学团队分工协作完成。

项目 1 和项目 2 为"岗位专业基础"部分，涵盖图形图像基础知识、Photoshop CC 的基本操作与应用。学习任务为平面设计的职场运用能力。项目 1 和项目 2 设计了"工匠精神"挂画设计、两汉丝绸汉服设计两个学习项目，旨在创设学习情境，帮助学习者初步掌握平面设计岗位所需的基本知识和技术技能，是应知和够用部分。

项目 3 和项目 4 为"岗位技术提升"部分，是深化学习者对平面设计的理解、锤炼专项技能的提升部分，安排了《做工匠》书籍封面设计 、"做工匠"标志设计两个学习项目，旨在对接岗位需求，为学习者走上设计岗位提供仿学和实战场景，是必须和会用部分。

项目 5 和项目 6 为"岗位项目实践"部分，是对平面设计技术、技能的综合运用和拓展提升环节。安排了"山东省博物馆"VI 设计、"黄河文化"界面设计两个学习项目，旨在融通行业规范，帮助学习者综合提升设计素养、创作意识及审美能力，是创新和活用部分。

本书按照项目由简到繁、技术由易到难的原则进行项目编排，每个项目拆解为若干个学习任务。教学过程按“项目工单”“项目准备”“项目实施”“相关知识与技能”和“项目检测”五部分编排。学习时可以按顺序从前往后逐个项目依次学习，也可以选取任意项目，借助扫描二维码先学后练完成项目。活页笔记穿插在课前准备和课中实训中，便于实时记录学习过程中的收获，标注重难点的解决之道和提升要领。

“项目工单”确保工作有序进行，便于跟踪项目进度。通过“项目书”熟悉项目，通过“任务分配表”完成设计制作团队建设，通过“设计分析表”完成课前初步策划及相关素材的搜集,通过“综合评价表”和“作品评价表”熟悉项目评价标准，并在完成项目制作后实现作品评价与综合评价。

“项目准备”为“项目实施”提前准备相关资源，确保项目顺利实施。

“项目实施”依据项目实战流程编制，学习者按照步骤即可完成项目实施。对于不同水平的学习者，可以选择模仿样例进行跟学仿作，也可以选择参考样例进行自主创作，每实现一步完整的操作，均可依据评价指标进行实时评价，检验达标程度。

“相关知识与技能”用于查阅学习本项目所必需的知识和技术要领。

“项目检测”包括知识检测和创意设计，检验学习效果的同时，逐步提升学习者的人文素养和创新设计能力。

本书从图形图像处理的实际应用与市场需求出发，集图形图像处理、设计与制作于一体，内容丰富、编排巧妙、案例经典、图解详细，并提供各项任务的源文件、应用素材、教学课件、微课视频及工具集等配套学习资源。

本书难免存在疏漏，欢迎广大读者批评指正。

编　者

2024 年 3 月

教学课件及教案　　素材及源文件

目录

项目 1

天人合一，技进乎道

——从民胞物与的隋唐纺织品学“工匠精神”挂画设计

项目导入

工匠精神是一种职业精神，是职业道德、职业能力、职业品质的体现，是从业者的职业价值取向和行为表现，是社会文明进步的重要尺度，是中国制造前行的精神源泉，是企业竞争发展的品牌资本，是员工个人成长的道德指引。

项目简介

项目描述

以“敬业、求精、创新、卓越”为主题，辅以工匠精神相关文案，设计 4 幅文化挂画，尺寸 70cm×100cm，分辨率 110px，可以用字体设计或虚拟人物突出主题，可参考图 1-1 所示的效果。

设计要求

运用图层、图层组、图层样式、画板、画笔等技术，可以创新设计。

样例展示

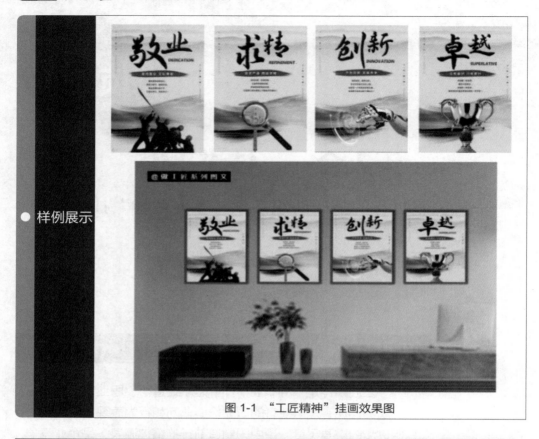

图 1-1 “工匠精神”挂画效果图

企业导师寄语

同学们，在本项目中，我们将首次接触墙体挂画的设计。

设计公司在接到挂画设计要求后，通常会按照以下七个步骤进行设计。

（1）确定客户需求。项目开始，需要准确、详细地了解客户需求，这个过程需要多次现场考察，反复与客户沟通才能落实客户需求。

（2）方案设计。四幅挂画设计是相辅相成的有机整体，在方案设计过程中需要对主题、风格、配色、版式、字体及装饰元素进行统筹规划，形成方案，并且进一步与客户共同确定方案的可行性。

（3）素材搜集与整理。素材的来源，一是客户提供的主题、文案和相关图片，二是依据客户的要求搜集的字体、图片、修饰元素等。使用软件制作挂画之前，要把素材归类整理，还要修改图片和装饰性元素的颜色模式、分辨率，确保图片的清晰度和色彩的真实性。

（4）软件制作。使用 Photoshop 工具实现挂画的效果制作。

（5）产品提案。向客户提供设计思路、设计特色、设计效果图和场景展示效果图，与客户进一步交流、沟通、修正，确保客户满意度。

（6）成品印刷。需要与印刷公司进行文档交接，说明注意事项，确保印刷的正确性。

（7）客户验收交付。将挂画交由客户验收。

学习目标

1. 素质目标

（1）具有注重细节、团结协作的职业意识。

（2）养成热爱设计岗位、执着专注的职业精神。

（3）崇尚踏实肯干、精益求精、追求卓越的工匠精神。

（4）增强文化自信，形成崇尚学习的职业风尚。

2. 知识目标

（1）了解图层的基本概念。

（2）掌握图层的新建、删除、命名、对齐、分布等基本操作方法。

（3）掌握图层组的创建方法。

（4）掌握常见图层样式及参数功能。

（5）熟悉画板的创建和应用。

（6）熟练掌握笔刷的设置方法。

3. 能力目标

（1）能够创建图层并正确命名。

（2）能够对图层进行对齐和分布设置。

（3）能够正确创建并使用图层组管理图层。

（4）能够创建画板并应用画板设计作品。

（5）能够熟练设置画笔笔刷及参数，对图像进行编辑。

（6）在任务实施中，持续提升发现问题、解决问题的能力。

1.1 “工匠精神”挂画设计项目工单

“工匠精神”挂画设计项目书如表 1-1 所示。

表 1-1 “工匠精神”挂画设计项目书

<table>
<tr><td>实训项目</td><td colspan="3">项目 1 “工匠精神”挂画设计</td></tr>
<tr><td>项目编号</td><td></td><td>实训日期</td><td></td></tr>
<tr><td>项目学时</td><td></td><td>实训工位</td><td></td></tr>
<tr><td>实训场地</td><td></td><td>实训班级</td><td></td></tr>
<tr><td>序号</td><td>实训需求</td><td colspan="2">功能</td></tr>
<tr><td>1</td><td>高速网络环境</td><td colspan="2">搜集素材、查阅资料</td></tr>
<tr><td>2</td><td>Photoshop CC 软件</td><td colspan="2">挂画设计</td></tr>
<tr><td colspan="4">实训过程记录</td></tr>
<tr><td>步骤</td><td>设计流程</td><td>操作要领</td><td>标准规范</td></tr>
<tr><td>1</td><td>整体设计（色彩、版式、文案、风格）</td><td></td><td></td></tr>
<tr><td>2</td><td>素材搜集整理</td><td></td><td></td></tr>
<tr><td>3</td><td>背景设计</td><td></td><td></td></tr>
<tr><td>4</td><td>主题设计</td><td></td><td></td></tr>
<tr><td>5</td><td>二级文案编辑</td><td></td><td></td></tr>
<tr><td>6</td><td>三级文案编辑</td><td></td><td></td></tr>
<tr><td>7</td><td>图片效果处理</td><td></td><td></td></tr>
<tr><td>8</td><td>最终效果调整</td><td></td><td></td></tr>
<tr><td>9</td><td>创建画板，设计其他三个主题挂画</td><td></td><td></td></tr>
<tr><td colspan="4">安全注意事项</td></tr>
<tr><td>人员安全</td><td colspan="3">注意电源，保证个人实训用电安全</td></tr>
<tr><td rowspan="3">设备安全</td><td colspan="3">正确启动实训室电源，正确开关机</td></tr>
<tr><td colspan="3">认真填写实训工位实习记录（设备的维护，油墨）</td></tr>
<tr><td colspan="3">禁止将水杯、零食、电子通信设备等物品带入实训室</td></tr>
<tr><td>编制</td><td></td><td>核准</td><td>审核</td></tr>
</table>

“工匠精神”挂画设计任务分配如表 1-2 所示。

表 1-2 “工匠精神”挂画设计任务分配表

班级名称		团队名称		指导教师	
队长姓名		学生姓名		企业导师	
团队成员					

“工匠精神”挂画设计分析如表 1-3 所示。

表 1-3 “工匠精神”挂画设计分析表

诉求分析	
设计构思	
配色方案	
版式设计	
文案整理	
风格	
元素	
字体	

“工匠精神”挂画设计综合评价如表 1-4 所示。

表 1-4　“工匠精神”挂画设计综合评价表

模块	环　节	评 价 内 容	评价方式	考 核 意 图	分值
知识目标	课前（0~10 分）	图层、图层组、画笔、画板、剪贴蒙版	平台数据	把握课前学习情况	
	课中（0~10 分）	印刷模式、分辨率、字体版权	教师评价 学生自评 团队评价 平台数据	提升平面设计职业规范和法律意识	
	课后（0~5 分）	字体风格、版式、风格、印刷	教师评价 学生自评 平台数据	拓展丰富设计必备知识	
能力目标	课前（0~10 分）	课前学习、案例和素材搜集	平台数据 团队评价	提升案例分析、借鉴和素材搜集能力	
	课中（0~30 分）	色彩、风格、版式、元素运用（0~5 分）	教师评价 企业评价 团队评价 学生自评 平台数据	培养设计思路	
		Photoshop 图层、画笔、画板、剪贴蒙版、图层样式操作（0~5 分）		落实工具使用	
		仿照样例制作（0~5 分）		提升制作的精细度	
		在样例基础上创新制作（0~5 分）		逐步培养创新能力	
		文案搜集和编写（0~5 分）		提升文案编写能力	
		素材管理、图层管理（0~5 分）		培养文件归档、整理能力	
	课后（0~5 分）	总结技术运用、规范学习、设计创新等方面收获	教师评价 学生自评 平台数据	培养总结能力	
素质目标	课前（0~5 分）	爱岗敬业精神、提高版权法律意识	教师评价 学生自评 平台数据	培养爱岗敬业精神、版权法律意识	
	课中（0~15 分）	团队协作、精益求精、敢于创新		提升团队协作、精益求精、敢于创新精神	
	课后（0~10 分）	文化自信、崇尚学习		增强文化自信、崇尚学习	

“工匠精神”挂画作品评价如表 1-5 所示。

表 1-5 “工匠精神”挂画作品评价表

评价类型	评价项目	评 价 标 准	自评（30%）	团队评（30%）	师评（20%）	企评（20%）
客观评价	文件（0~10 分）	尺寸、颜色模式、分辨率符合要求（0~4 分）				
		合理归档素材和文件（0~3 分）				
		文件存储用 PSD 和 PDF 格式，命名简约规范（0~3 分）				
	文案（0~10 分）	能正确表达主题含义（0~3 分）				
		无文法、语法错误，无错别字，正确应用繁体字（0~3 分）				
		字体应用合理无侵权，字号设置合理（0~4 分）				
	设计（0~40 分）	色彩搭配合理，所用颜色符合印刷标准（0~4 分）				
		选用风格适合表现主题特色（0~4 分）				
		完整呈现文案，层级设置合理，有节奏感（0~6 分）				
		文案选用的字体与挂画风格一致（0~4 分）				
		应用图像能表达主题含义，并适当运用技术处理（0~6 分）				
		四幅挂画应用图像色彩色调一致，比例合适（0~4 分）				
		应用元素与挂画风格一致，数量恰到好处，不堆叠、不赘余，能有效烘托主题（0~4 分）				
		主题、文案、图像、装饰元素布局合理舒适（0~4 分）				
		主题、文案、图像、装饰元素排列符合印刷规范，确保输出印刷合格挂画（0~4 分）				
主观评价	创新（0~40 分）	作品设计符合挂画设计项目需求（0~8 分）				
		作品设计色彩使用合理，与风格相搭配（0~8分）				
		主题字体有特色，版式、样式灵活有创意（0~8 分）				
		图像处理品质高，文案有创意（0~8 分）				
		作品设计整体效果好，有极强的视觉冲击力（0~8 分）				

1.2 “工匠精神”挂画设计项目准备

（1）在挂画项目设计之初，团队分工搜集到哪些“工匠精神”敬业、求精、创新、卓越主题的文案和挂画设计所需的图片资源？

（2）团队借助网络搜集同类作品案例，分析常用的版式和风格有哪几种？可以借助哪些元素彰显该类风格？

（3）团队合作搜集到的关于装饰元素、画笔笔形有哪些？

（4）如何查看图像的分辨率并将图像的分辨率设置为 150 像素 / 英寸？

（5）如何实现图层的管理？

（6）如何设置字符间距、行间距、文字对齐？字符间距、行间距设置为多少合适？

1.3 “工匠精神”挂画设计项目实施

1.3.1 “工匠精神”挂画设计方案

1. 项目诉求

挂画设计是企业文化形象宣传的重要展示方式之一，客户需求如下。

- “工匠精神”敬业、求精、创新、卓越四大主题。
- 布局设计合理。
- 色彩搭配合理。
- 灵活运用各类素材。
- 尺寸 70cm×100cm。

2. 设计构思

背景采用灰色渐变，在运用中性色时，应充分考虑对挂画主题和内容的聚焦、突显主题，同时也要考虑未来挂画环境场景的搭配。主题采用毛笔字体，可以充分表达工匠精神是中华民族的传统美德，同时，也能提升挂画的档次。挂画中彩色面积占整图 10% 左右，内部图有效表达主题。使用山水效果作背景，增加整幅挂画的层次感。

3. 配色方案

挂画配色方案如表 1-6 所示。

表 1-6 “工匠精神”挂画配色方案

配色方案	主色	辅色	文本色
CMYK	219,6,6	229,239,239	17,17,17
视觉印象	灰色背景辅以阴影山脉类图片，凸显挂画质感；深红色的彩色图案在灰色背景下，具有强烈视觉冲击感；黑色毛笔字与灰色背景的搭配更加醒目，突出主题		

4. 版式结构

本案例采用上下布局，文字和图案将整个画面有效分割，相互呼应，在上下对称中加入调和对比，布局合理，结构清晰。

5. 风格、元素引用、字体选用等

本案例采用简约的中国风设计风格，使用毛笔字、图案、图像等元素进行设计，毛笔字体选用“演示夏行楷”，其他文案选用“黑体”。

1.3.2 “工匠精神”挂画制作

“工匠精神”挂画设计

1. 处理素材

（1）将素材“敬业.png”拖动到 Photoshop CC 图标上，打开素材。

（2）执行菜单“图像”→“图像大小”（图 1-2），检查图像的分辨率是否低于 150 像素 / 英寸，如果分辨率较小，则设置分辨率为 150 像素 / 英寸。

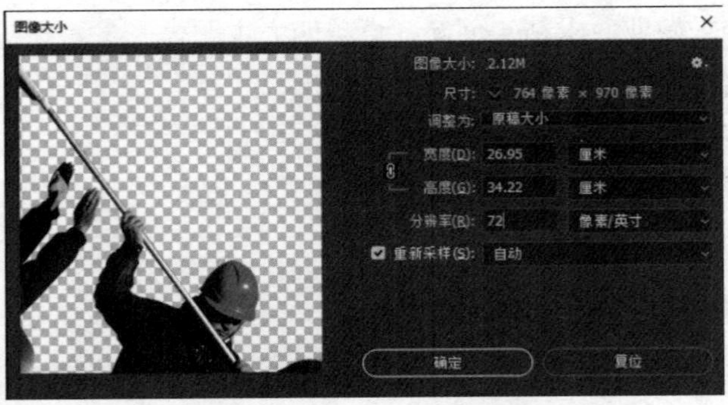

图 1-2 “图像大小”对话框

（3）按 Ctrl+S 组合键保存素材。

（4）利用以上操作，检查并修改其他素材的分辨率。

完成处理素材操作后，请进行评价，“处理素材”评价表如表 1-7 所示。

表 1-7 “处理素材”评价表

评 价 指 标	自评（√）	师评（√）	团队评（√）
能灵活应用多种方法打开图片			
能熟练修改图像分辨率，并对修改图像进行保存			

2. 创建文件

（1）执行菜单“文件”→“新建”，新建画布，设置大小为 70cm×100cm，分辨率为 150 像素 / 英寸。新建文件对话框如图 1-3 所示。

（2）在图层面板中选择背景层，单击后面的锁将背景层解锁，“背景层”变为“图层 0”，将背景层转化为普通层。

（3）单击图层面板底部的“图层组”按钮，创建图层组，双击图层组名字，修改为“敬业”，创建“敬业”图层组。

3. 制作背景

（1）选择图层 0，设置前景色为 239/239/239，按 Alt+Delete 组合键填充前景色灰色。

（2）执行菜单“文件”→“置入嵌入对象”，置入“水墨山”背景图。

（3）使用 Ctrl+T 组合键，调整水墨山背景图的大小、位置，使水墨山背景与背景色自然融合，如图 1-4 所示。

图 1-3　新建文件对话框

图 1-4　背景效果图

创建文件与制作背景完成后，请进行评价，“文件创建、背景制作”评价表如表 1-8 所示。

表 1-8　“文件创建、背景制作”评价表

评 价 指 标	自评（√）	师评（√）	团队评（√）
能够创建文件并正确设置分辨率及尺寸			
能够创建图层组，并用图层组管理图层			
能够正确填充颜色			
能够置入“水墨山”背景图，并进行变形和位置调整			
能够实现背景色与图的融合，层次感明显			

4. 主题设计

制作主题效果如图 1-5 所示。

图 1-5　主题效果图

（1）单击横排文字工具，选择字体“演示夏行楷”，颜色黑色 17/17/17，输入文字“敬”，生成文字图层“敬”，单击图层面板底部的“图层样式”按钮，添加“斜面和浮雕”样式，设置样式为“内斜面”，方法为“平滑”，深度为 357，方向“上”，大小为 20，角度 90°，高度 30°，高光模式为“滤色”，不透明度为 75%，阴影模式为“正片叠底”，不透明度为 75%，如图 1-6 所示。

（2）依据上述流程创建文字图层“业”，右击“敬”图层空白处，在快捷菜单中选择“拷贝图层样式”，右击“业”图层空白处，在快捷菜单中选择“粘贴图层样式”，复制图层样式。

（3）单击横排文字工具，选择字体“微软雅黑”，样式 Bold，颜色为红色，输

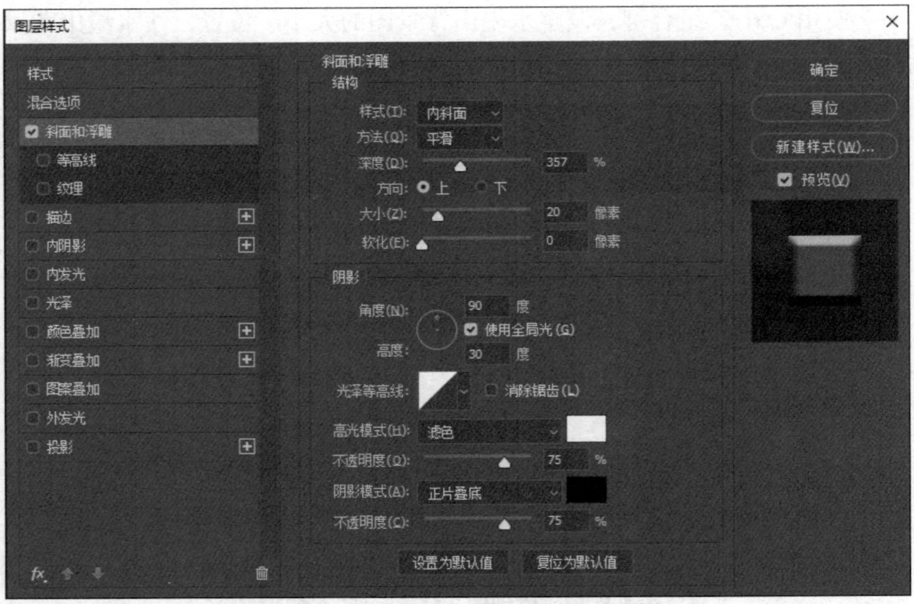

图 1-6 “斜面和浮雕”图层样式参数设置

入英文 DEDICATION，生成文字图层 DEDICATION，右击“敬”图层空白处，在快捷菜单中选择“拷贝图层样式”，右击 DEDICATION 图层空白处，在快捷菜单中选择“粘贴图层样式”，复制图层样式。

（4）分别选择文字图层“敬”“业”、DEDICATION，按 Ctrl+T 组合键，调整文字大小和位置，实现如图 1-1 所示主题效果图制作。

完成“主题”设计后进行评价，“主题设计”评价表如表 1-9 所示。

表 1-9 “主题设计”评价表

评 价 指 标	自评(√)	师评（√）	团队评（√）
能够创建文字图层，并对文字进行字体、字号、颜色的设置			
能够添加图层样式、复制图层样式			
能够对主题进行大小、位置调整，实现主题的排版设计			
能够对主题进行创新设计			

5. 文案排版

文案排版效果如图 1-7 所示。

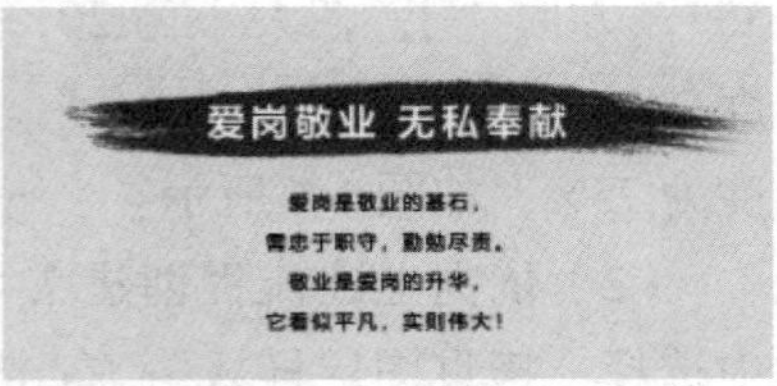

图 1-7 文案排版效果图

（1）执行菜单“文件”→“置入嵌入对象”，置入“笔刷 1.png”图，按 Ctrl+T 组合键，调整大小，按 Enter 键确认，选择移动工具调整位置。

（2）使用横排文字工具，设置字体“微软雅黑”，样式 Bold，字号 72，颜色白色，输入文字“爱岗敬业 无私奉献”，生成文字图层，选择移动工具调整位置。

（3）使用横排文字工具，设置字体“微软雅黑”，样式 Regular，字号 38，颜色黑色，输入文案“爱岗是敬业的基石，需忠于职守……”，打开“字符”面板，如图 1-8 所示，设置行间距，字符间距，打开“段落”面板，如图 1-9 所示，设置居中对齐。

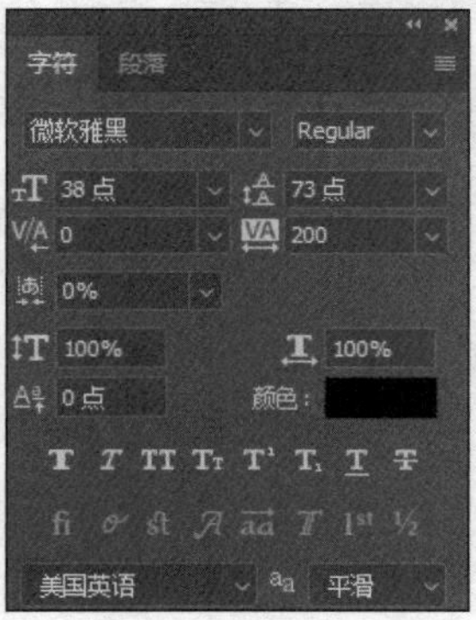

图 1-8 “字符”面板

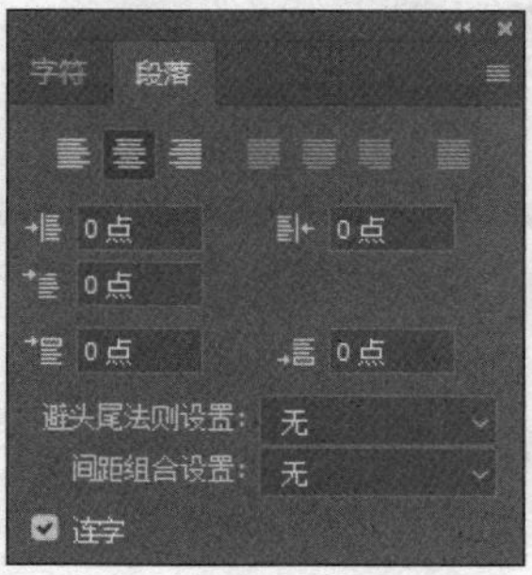

图 1-9 “段落”面板

（4）调整笔刷、“爱岗敬业　无私奉献”图层和文案图层的位置，实现如图 1-7 所示的文案排版效果。

完成文案排版制作后进行评价，“文案排版”评价表如表 1-10 所示。

表 1-10 “文案排版”评价表

评 价 指 标	自评（√）	师评（√）	团队评（√）
掌握字符间距、行间距的设置规范			
能够正确设置字符间距、行间距			
能够正确设置段落文字的对齐方式			
掌握段落文字短长节奏感和居中的稳定性			

6. 图像处理

图像处理后效果如图 1-10 所示。

（1）执行菜单“文件”→“打开”，打开“笔刷 2.psd”图，双击图层名，将图层命名为“笔刷 2”。选择适合的笔刷图层，选择移动工具，将图层拖入敬业文件，生成笔刷图层，按 Ctrl+T 组合键，调整大小，按 Enter 键确认操作，用移动工具将图层调整至合适位置。

（2）执行菜单“文件”→“置入嵌入对象”，置入“底图 .jpg”图，双击确认置入，在图层面板将该图层拖动并移动到笔刷 2 图层的上方，按 Ctrl+Alt+G 组合键，创建剪切蒙版，实现如图 1-11 所示的效果。

（3）执行菜单“文件”→“置入嵌入对象”，置入“敬业 .png”图，双击确认置入。选择移动工具调整位置，按 Ctrl+T 组合键，调整图像大小。

（4）创建两个装饰性小文字图层，输入文字，调整位置。

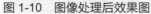

图 1-10 图像处理后效果图

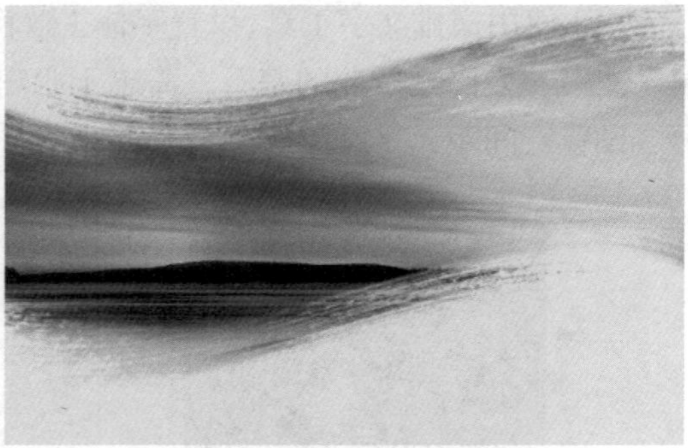

图 1-11 图像处理效果图

7. 制作“求精”“创新”“卓越”挂画

（1）在图层面板中右击图层组“敬业”，在快捷菜单中选择菜单“复制组”，弹出“复制组”对话框，将名称修改为“求精”，如图 1-12 所示。

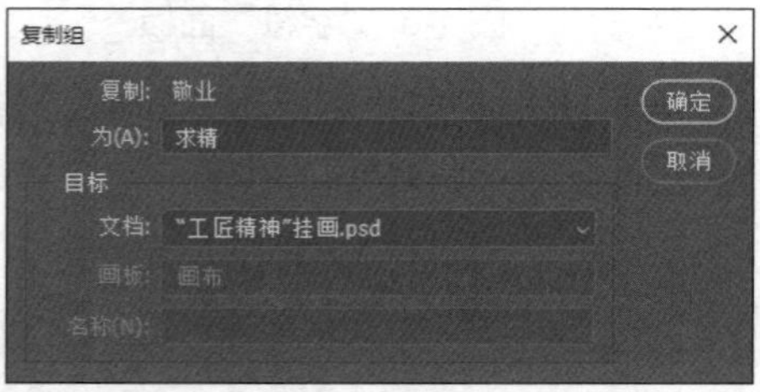

图 1-12 ”复制组“对话框

（2）隐藏“敬业”图层组图层内容，显示“求精”图层组图层内容，在对应图层修改主题、文案，更换图片。

（3）依据以上过程完成“创新”“卓越”挂画设计。

8. 文件存储、归档

（1）按 Ctrl+Shift+S 组合键，弹出“存储为”对话框，选择文件格式 .psd，文件名输入“工匠精神”挂画，单击“保存”按钮。

（2）关闭文件，回到文件夹，整理素材、源文件。至此“工匠精神”挂画设计完成。

完成图像处理、文件存储后，请进行评价，“图像处理、文件存储”评价表如表 1-11 所示。

表 1-11 “图像处理、文件存储”评价表

评 价 指 标	自评（√）	师评（√）	团队评（√）
能搜集到与风格相符的画笔			
能完成图层的复制、调整顺序			
能应用剪切蒙版制作效果			
能复制图层组到指定文件位置			
能正确保存文件，做好文件归档整理			

1.4 “工匠精神”挂画设计技能梳理

本项目技能梳理思维导图如图 1-13 所示。

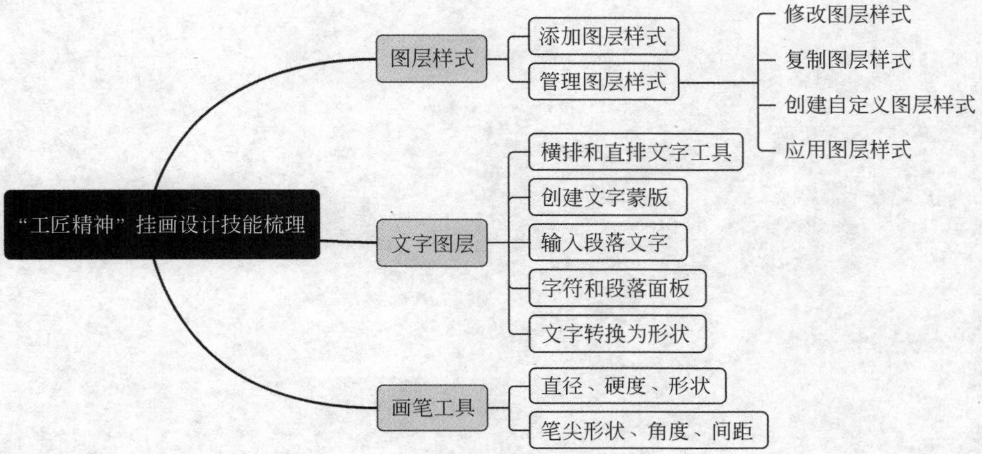

图 1-13　项目 1 思维导图

1.4.1 图层样式

图层样式是 Photoshop CC 中一个用于制作各种效果的强大功能，利用图层样式，可以简单快捷地制作出各种立体投影，各种质感以及光景效果的图像特效，使图像更生动、美观。

Photoshop CC 提供了十种图层样式，包括投影、内阴影、外发光、内发光、斜面浮雕、光泽、颜色叠加、图案叠加、渐变叠加、描边，利用图层样式可以创作出各种需要的样式和效果。

1. 添加图层样式

（1）选择图层以后，在“图层”面板中单击“添加图层样式”按钮 fx，打开“图层样式菜单”，选择相应的图层样式，即可添加图层样式。

（2）双击需要添加图层样式的图层缩览图，打开“图层样式”对话框，进行设置即可。

为图层添加图层样式以后，会打开“图层样式”对话框，利用该对话框中的各个选项，可以对图层样式进行设置。

在“图层样式”对话框“样式”栏中罗列了所有的图层样式的名称，在需要的样式名上单击，即可添加该图层样式，并在右侧显示该图层样式的设置选项，用于调整该图层样式的效果。可以同时勾选多个图层样式，为图层添加多个不同的图层样式效果，如图 1-14 所示。

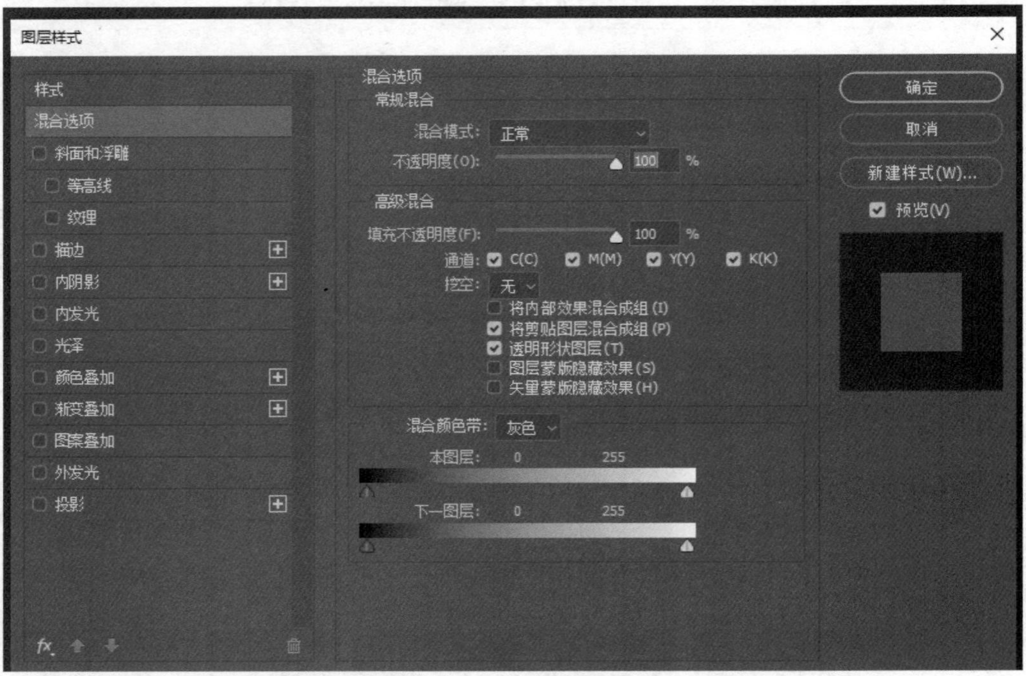

图 1-14 “图层样式”对话框

2. 管理图层样式

（1）修改图层样式：如果要修改图层样式，只需要在“图层”面板中双击需要修改的图层样式名称，如，在弹出的“图层样式”对话框中重新设置图层样式的参数即可。

（2）复制图层样式：图层样式设置完毕后，可以通过复制图层样式操作将其应用到其他图层上，以减少重复操作，提高效率。

将鼠标光标移动到图层中“图层样式”的图标上，按住 Alt 键的同时按住鼠标左键拖动到其他图层上，然后释放鼠标左键即可实现样式的复制操作。

（3）创建自定义图层样式：将各种图层效果集合起来组成一个设计元素后，可以将其保存到“样式”面板中，以方便其他的图层或图像随时调用。操作方法如下。

在“图层样式”对话框中，设定所需要的各种效果后，单击对话框中的“新建样式”按钮，弹出“新建样式”对话框，输入名称后，单击“确定”按钮即可完成操作，如图 1-15 所示。

（4）应用图层样式：样式面板中有系统预设的样式，也有用户自行创建的样式，如果要应用“样式”面板中的样式，只需要单击“样式”面板中某个样式的名称，即可将样式应用到当前图层中，图层“样式”面板如图 1-16 所示。

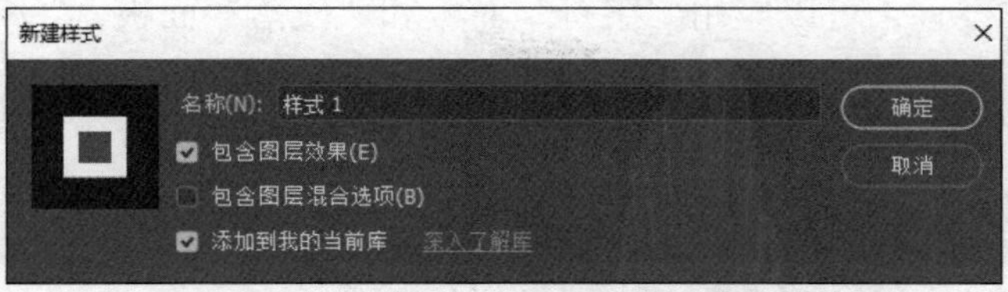

图 1-15　新建样式的方法

图 1-16　“样式”面板

1.4.2　文字图层

文字不仅能直观地表达出图像的信息，还能起到美化版面和装饰的作用。在 Photoshop CC 中可以根据设计的需求选择合适的工具创建不同效果的文字。Photoshop CC 文字的基本操作主要有输入文字、设置文字和段落格式、文字变形、创建路径文字和文字转化为形状。

在 Photoshop CC 中文字的输入主要通过文字工具组实现。单击横排文字工具并按住鼠标不放，即可展开文字工具组，如图 1-17 所示。

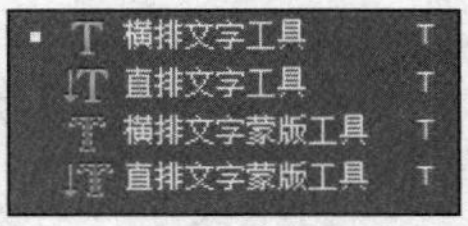

图 1-17　文字工具组

四种文字工具的选项栏是相同的，通过选项工具栏可以设置文字的属性，其中包括字体、字号、颜色、外观等。

1. 横排和直排文字工具

单击横排文字工具或直排文字工具，在对应属性栏中设置文字的格式，在图像窗口中单击，输入文字后，按 Ctrl+Enter 组合键结束文字输入，横排文字工具选项栏如图 1-18 所示。

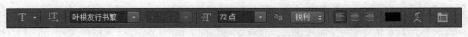

图 1-18　横排文字工具选项栏

变形文字：单击“变形文字”按钮，弹出如图 1-19 所示的对话框，可以设置变形效果。

2. 创建文字蒙版

使用文字蒙版工具可以创建文字选区，单击工具箱的横排文字蒙版工具或直排文字蒙版工具，在图像窗口中单击，输入文字，即可生成文字选区。

3. 输入段落文字

单击横排文字工具或直排文字工具，在图像窗口单击并拖出一个文本输入框，在输入框中输入文字即可。

4. 字符和段落面板

对于字符和段落的具体设置，可以应用“字符”面板和“段落”面板，“字符”面板和“段落”面板如图 1-20 和图 1-21 所示。

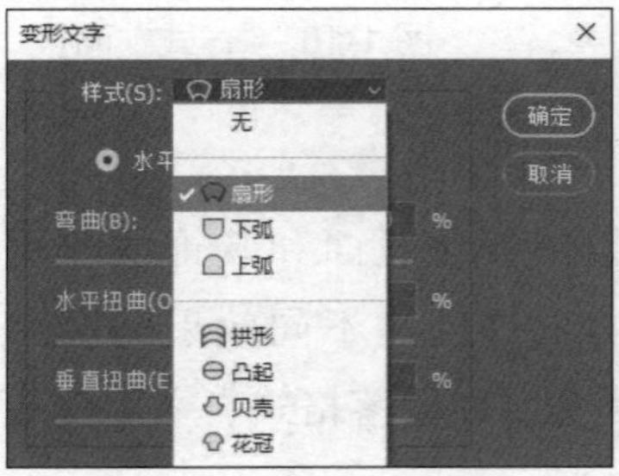

图 1-19 “变形文字”对话框

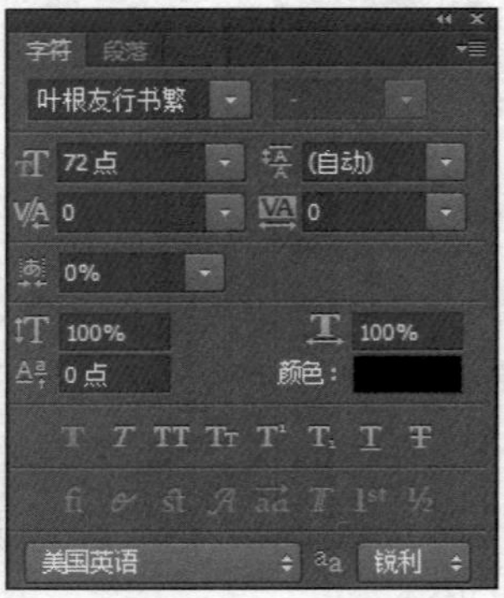

图 1-20 “字符”面板

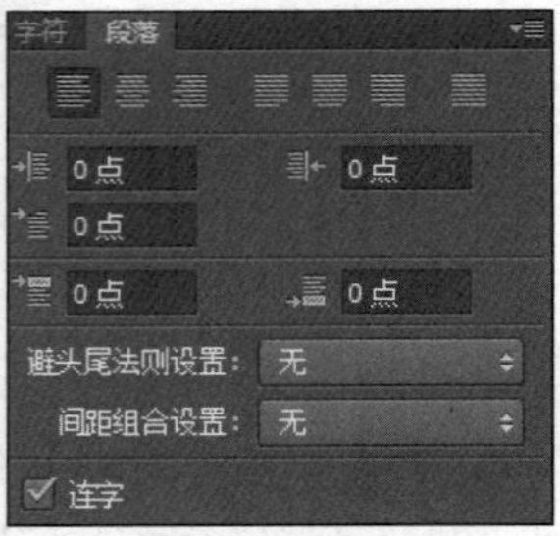

图 1-21 “段落”面板

5. 文字转化为形状

利用文字菜单中的“转换为形状”命令，可以将文字转换为形状图层，即文字转换为带有矢量蒙版的路径效果。转换为形状后，可以利用路径编辑工具对文字锚点进行编辑，更改文字形态，从而更灵活地编辑文字效果。

1.4.3 画笔工具

Photoshop CC 提供的绘制图像的画笔工具组主要包括画笔工具、铅笔工具、颜色替换工具和混合器画笔工具。

画笔工具可以用前景色绘制预设的画笔笔尖图案或不太精确的线条，选择该工具后，可以在选项栏中设置各个选项，在图像窗口中按住鼠标左键拖曳，即可绘制相应的图案或线条；若绘制水平或垂直的线条，可以在按住 Shift 键的同时按住鼠标左键拖曳，绘制任意形态的图像。在工具箱中单击画笔工具，选项栏如图 1-22 所示。

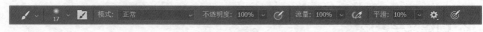

图 1-22 画笔工具选项栏

“画笔预设”按钮：单击该按钮，打开“画笔预设”窗口，如图 1-23 所示，可以设置画笔的直径、硬度和形状。

切换“画笔面板”按钮：单击该按钮，打开“画笔设置”面板，如图 1-24 所示，在该面板中可以设置画笔笔尖形状、主直径大小、角度、圆度、硬度、间距及各种动态效果等。

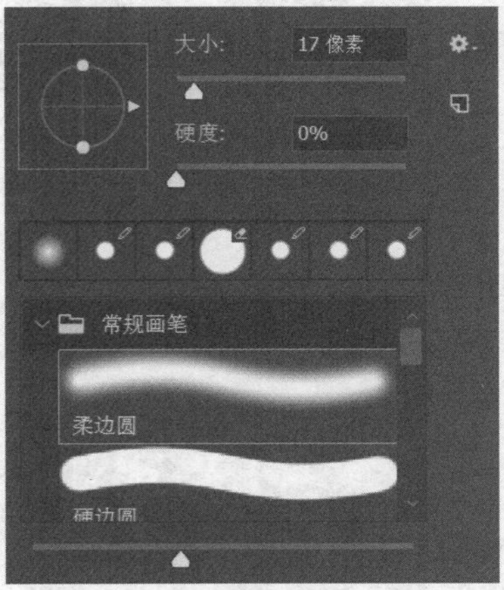

图 1-23　“画笔预设”窗口

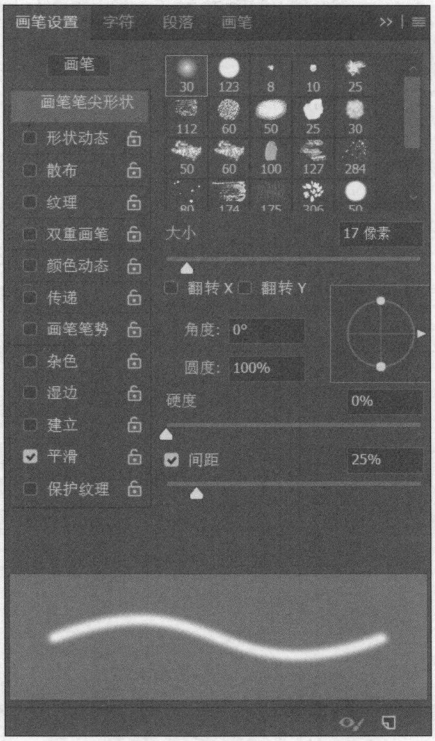

图 1-24　“画笔设置”面板

1.5 “工匠精神”挂画项目检测

1. 填空题

（1）Photoshop 中常用的图层样式有__________、__________、__________等。

（2）___________是一种只包含色彩和色调信息，不包含任何图像的图层，通过编辑调整层，可以任意调整图像的色彩和色调，而不改变原始图像。

（3）单击横排文字工具或直排文字工具，在图像窗口___________一个文本输入框，在输入框中输入文字即可。

2. 选择题

（1）通过图层面板复制图层时，将选取需要复制的图层拖动到图层面板底部的（　　）按钮上即可。

A. 图层效果　　　　　　　　　　B. 新建图层

（2）在 Photoshop CC 中，关于图层的说法错误的是（　　）。

A. 背景图层可以被删除

B. 效果图层只包含一些图层的样式，而不包括任何图像的信息

（3）单击横排文字工具或直排文字工具，在对应属性栏中设置文字的格式，在图像窗口中单击，输入文字后，按（　　）键结束文字输入。

A. Enter　　　　　　　　B. Ctrl+Enter

3. 设计题

试以“追求卓越的创造精神、精益求精的品质意识”为题，自主设计一组宣传展板和海报，可以用字体设计或虚拟人物突出主题（提供样例的设计效果如图 1-25 和图 1-26 所示）。

“创造精神”展板设计

“品质意识”海报设计

宣传展板尺寸：240cm×120cm。

海报尺寸：17cm×84cm。

要求主题突出、风格统一，适用于校企公众场合。

图 1-25 “创造精神”展板设计

图 1-26 “品质意识”海报设计

项目 2

圣人教化，繁衍生息

——从凿空之旅的“两汉丝绸”学汉服设计

项目导入

“中国有礼仪之大，故称夏，有服章之美，谓之华。”华夏五千年来历史悠久，文化博大精深，而在这一历史长河中有一个必不可少的文化——汉服文化。汉服是以华夏礼仪文化为中心，通过自然演化而形成的具有独特汉民族风貌性格，明显区别于其他民族的传统服装和配饰体系。从“黄帝垂裳而天下治”始至明代，汉服一直在人类衣饰发展史上散发着最璀璨的光芒。

项目简介

项目描述

汉服的形制多种多样，而襦裙形制是汉族服饰史上最早也是最基本的服装之一。本项目以设计襦裙为主，另外还设计了用来搭配的褙子和帔帛，可参考图 2-1 所示的效果。

设计要求

汉服设计形制准确，配色符合审美要求，使用图案能体现华夏精神或寄托美好寓意。运用钢笔工具、填充工具、路径面板等进行创新设计。

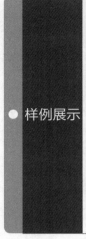

● 样例展示

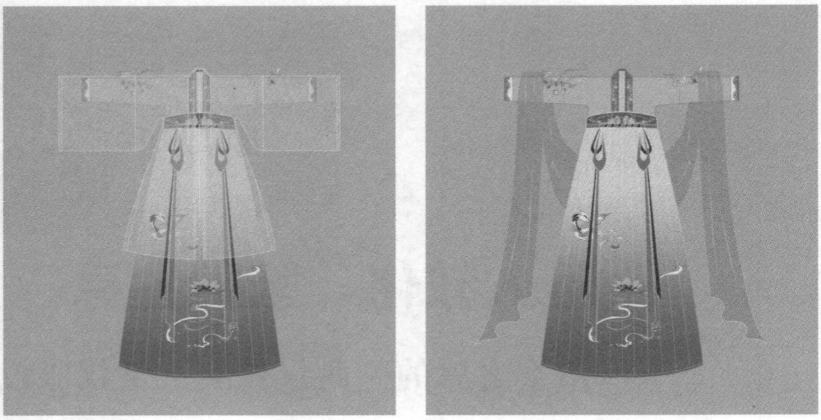

图 2-1　汉服设计效果图

企业导师寄语

同学们，在这个项目中，我们将要接触汉服设计。

作为一名汉服设计师，除了要了解各种汉服的形制外，还要了解传统花纹，汉服面料以及汉服配色等。一件汉服成品，要经过设计、制版、裁剪、整烫、缝制及后整理等几个步骤。当然，最首要的就是前期的设计。接到一个订单后，我们该如何着手进行设计呢？

（1）客户需求分析。汉服的形制主要有“深衣”制、“上襦下裳”制、“襦裙”制等类型。我们首先要与客户沟通，选择合适的形制，另外还要了解客户的喜好。

（2）草图方案设计。在汉服设计过程中需要对形制、面料、配色、图案及其他装饰元素进行统筹规划，形成方案，并且进一步与客户商讨确定设计稿。

（3）运用软件制作效果图，也是本项目的重点。

① 版型设计。可以先使用勾线笔在纸上勾勒出汉服版型的轮廓，或者使用数位板绘制出线稿，然后使用 Photoshop 或 Illustrabor 软件进行线稿绘制。

② 汉服配色。汉服的配色同样要遵循一定的配色原则，比如对比色和同类色的配色原则。此外，我们还可以从中国传统色彩中汲取灵感。中国传统色彩内涵丰富多彩，而且色彩中还融合自然、宇宙、伦理、哲学等观念。

③ 纹样绘制。汉服纹样具有鲜明的中华民族特色与文化韵味，“以纹为贵”代表了汉文化的信仰与习俗。在设计时，可以融合新时期创新理念与中国传统纹样元素。但要注意不同的纹样所蕴含的寓意不同，应进行合理运用。

（4）面料和绣花的选择。汉服可以选择的面料种类很多，包括棉、麻、雪纺、真丝等。我们需要了解每种面料的特性，对应不同的款式选择合适的面料。一般来说，刺绣分为手绣、手推绣和计算机绣。

（5）样衣打板。这时，设计师不仅需要与纸样师和车板师傅进行沟通，还要负责跟进样衣的开发流程。

学习目标

1. 素质目标

（1）培养学生行业规范意识及团队协作、精益求精的职业素养。

（2）培养学生素材整理、文件保存等良好的职业习惯。

（3）培养学生形成高尚的审美素养和精神境界。

（4）通过汉服文化，增强学生文化自觉和文化自信，弘扬华夏精神。

2. 知识目标

（1）了解汉服的历史文化。

（2）了解汉服的形制及组成结构、配色、纹饰等知识。

（3）了解不同的图层混合模式的混合效果。

（4）学会钢笔工具的使用方法与技巧。

（5）学会填充颜色的方法。

（6）理解路径的含义。

3. 能力目标

（1）能够区别不同形制的汉服特点。

（2）能够根据汉服的面料、版型特点进行配色和纹样处理。

（3）能够熟练运用钢笔工具进行绘制和修改。

（4）能够创建常见的形状。

（5）能够使用路径面板对路径进行填充、描边等操作。

（6）能够使用填充工具进行填充颜色。

（7）能够根据需要正确运用图层混合模式。

2.1 汉服设计项目工单

汉服设计项目书如表 2-1 所示。

表 2-1　汉服设计项目书

<table>
<tr><td>实训项目</td><td colspan="5">项目 2　汉服设计</td></tr>
<tr><td>项目编号</td><td></td><td>实训日期</td><td colspan="3"></td></tr>
<tr><td>项目学时</td><td></td><td>实训工位</td><td colspan="3"></td></tr>
<tr><td>实训场地</td><td></td><td>实训班级</td><td colspan="3"></td></tr>
<tr><td>序号</td><td>实训需求</td><td colspan="4">功能</td></tr>
<tr><td>1</td><td>高速网络环境</td><td colspan="4">搜集素材、查阅资料</td></tr>
<tr><td>2</td><td>手绘板</td><td colspan="4">草稿绘制及纹样图案的处理</td></tr>
<tr><td>3</td><td>Photoshop CC 软件</td><td colspan="4">项目设计</td></tr>
<tr><td colspan="6">实训过程记录</td></tr>
<tr><td>步骤</td><td>设计流程</td><td colspan="2">操作要领</td><td colspan="2">标准规范</td></tr>
<tr><td>1</td><td>整体设计（版型、配色、图案）</td><td colspan="2"></td><td colspan="2"></td></tr>
<tr><td>2</td><td>素材搜集整理</td><td colspan="2"></td><td colspan="2"></td></tr>
<tr><td>3</td><td>草图绘制</td><td colspan="2"></td><td colspan="2"></td></tr>
<tr><td>4</td><td>线稿绘制</td><td colspan="2"></td><td colspan="2"></td></tr>
<tr><td>5</td><td>颜色搭配</td><td colspan="2"></td><td colspan="2"></td></tr>
<tr><td>6</td><td>图案设计</td><td colspan="2"></td><td colspan="2"></td></tr>
<tr><td>7</td><td>配饰设计</td><td colspan="2"></td><td colspan="2"></td></tr>
<tr><td>8</td><td>最终效果调整</td><td colspan="2"></td><td colspan="2"></td></tr>
<tr><td colspan="6">安全注意事项</td></tr>
<tr><td>人员安全</td><td colspan="5">注意电源，保证个人实训用电安全</td></tr>
<tr><td rowspan="3">设备安全</td><td colspan="5">正确启动实训室电源，正确开关机</td></tr>
<tr><td colspan="5">认真填写实训工位实习记录（设备的维护，油墨）</td></tr>
<tr><td colspan="5">禁止将水杯、零食、电子通信设备等物品带入实训室</td></tr>
<tr><td>编制</td><td></td><td>核准</td><td></td><td>审核</td><td></td></tr>
</table>

汉服设计任务分配如表 2-2 所示。

表 2-2　汉服设计任务分配表

班级名称		团队名称		指导教师	
队长姓名		学生姓名		企业导师	
团队成员					

汉服设计项目分析如表 2-3 所示。

表 2-3　汉服设计项目分析表

诉求分析	
形制设计	
配色设计	
图案绘制	
配饰设计	

汉服设计项目综合评价如表 2-4 所示。

表 2-4　汉服设计综合评价表

模块	环　节	评 价 内 容	评价方式	考 核 意 图	分值
知识目标	课前（0~10 分）	汉服相关知识的学习	平台数据	提高学生自主学习能力	
	课中（0~10 分）	了解汉服形制的分类 了解汉服的颜色搭配及图案的寓意 了解钢笔工具、路径选择工具以及对路径概念的理解	教师评价 学生自评 团队评价 平台数据	查看学生对知识的掌握程度，以及知识迁移能力	
	课后（0~5 分）	汉服文化 汉服图案设计	教师评价 学生自评 平台数据	拓展丰富汉服设计必备知识	
能力目标	课前（0~10 分）	课前学习、案例和素材搜集	平台数据 团队评价	提升案例分析、借鉴和素材搜集能力	
	课中（0~30 分）	掌握汉服设计的基本步骤和技巧（0~5 分）	教师评价 企业评价 团队评价 学生自评 平台数据	培养整体性思维	
		掌握 Photoshop 钢笔工具、路径选择工具，以及路径面板等操作，完成对汉服线稿的绘制（0~5 分）		提高软件操作能力	
		掌握填充工具及颜色面板，完成对汉服的配色（0~5 分）		培养色彩搭配能力	
		汉服的图案选择及绘制（0~5 分）		提高图案设计能力	
		在样例基础上创新制作（0~5 分）		逐步培养创新能力	
		素材管理、图层管理（0~5 分）		培养文件归档、整理能力	
	课后（0~5 分）	总结理论学习、技术运用、设计创新等方面的收获	教师评价 学生自评 平台数据	培养总结归纳能力	
素质目标	课前（0~5 分）	民族精神、文化自信	教师评价 学生自评 平台数据	增强民族文化自信	
	课中（0~15 分）	团队协作、精益求精、敢于创新		提升职业素养	
	课后（0~10 分）	审美能力		提升学生的审美素养	

汉服设计评价如表 2-5 所示。

表 2-5 汉服设计评价表

评价类型	评价项目	评 价 标 准	自评（30%）	团队评（30%）	师评（20%）	企评（20%）
客观评价	文件整理（0~10 分）	合理归档素材和文件（0~4 分）				
		图层信息清晰，有条理（0~3 分）				
		文件存储为 PSD 格式,命名简约规范（0~3 分）				
	版型设计（0~15 分）	形制的选择符合设计要求（0~5 分）				
		上襦短，下裙长，上下比例具有丰富的美学内涵（0~5 分）				
		整体版型放量合适，穿着美观（0~5 分）				
	色彩搭配（0~15 分）	色彩搭配符合视觉规律（0~5 分）				
		整体色系比较淡雅，体现襦裙的柔美飘逸（0~5 分）				
		色系的选择与面料匹配，能够凸显汉服的魅力特点（0~3 分）				
		能从中国传统色彩中汲取灵感（0~2 分）				
	图案设计（0~10 分）	图案的选择要有美好寓意（0~3 分）				
		图案要符合淡雅婉约的风格特点（0~3 分）				
		图案的颜色要与汉服的颜色搭配协调（0~4 分）				
	配饰设计（0~10 分）	褙子版型符合要求（0~4 分）				
		褙子的纹样要美观大方（0~2 分）				
		披帛色彩要与汉服整体搭配协调（0~4 分）				
主观评价	创新（40 分）	作品设计符合汉服设计项目需求（0~10 分）				
		汉服设计色彩使用合理，与整体风格相搭配（0~10 分）				
		版型既符合形制要求，又具有创新性（0~10 分）				
		作品设计整体效果好，有极强的视觉冲击力（0~10 分）				

2.2 汉服设计项目准备

（1）在汉服设计之初，团队分工搜集到哪些汉服形制？

（2）团队借助网络搜集汉服设计的优秀案例，简述汉服的服饰结构。

（3）通过网络搜集和团队讨论，说一说汉服常用的花卉图案有哪些，以及这些图案的寓意？

（4）使用钢笔工具绘制路径时，如何编辑、转换锚点，使路径贴合底稿？

（5）如何对路径进行描边、填色？

（6）使用“钢笔工具”绘制“路径”时，如何对已经完成的路径进行编辑？

2.3 汉服设计项目实施

2.3.1 汉服设计方案

1. 设计要求

汉服是中国传统的美学思想在服饰文化中的外在体现，形制上讲究宽大整齐，色彩纹饰上多样抽象，呈现出高雅端庄、飘逸自然、和谐共处之美。汉服作为中国传统文化非常重要的一部分，不同朝代的汉服版型和所需的元素是不一样的。

- 本项目要求汉服设计的形制选用齐胸襦裙，相比其他的汉服形制，如直裾、圆领袍等，齐胸襦裙的外形简单朴素，可以体现女性的婀娜多姿，十分适合日常着装。
- 色彩搭配符合视觉规律，色系的选择与面料匹配，能够凸显汉服的魅力特点。
- 服饰图案的选择要有一定的寓意，汉服的许多图案都是从大自然中提取的，如花鸟鱼虫等，通过人们的想象，赋予事物一定的形态，并讲究精神的表现。

2. 设计构思

- 本汉服设计的是齐胸襦裙，是典型的“上襦下裳”衣制。直领襦裙左右对称，具有中国传统的对称美，美观大方，俏皮动人。
- 汉服的设计以淡雅风格为主，色彩多以浅淡的颜色为主色，穿出来的感觉比较柔美，体现女性的柔美婉约。

3. 服饰配色

汉服设计配色方案如表 2-6 所示。

表 2-6 “汉服设计”配色方案

	上襦	下裙	系带（点睛色）
配色方案			
RGB	244，221，199	131，160，140	240，194，162　121，144，112
视觉印象	在服装色彩上，上襦选择了比中国传统色彩中的扶光色淡一点的浅橙色，扶桑浴东海之光色，正是日出东方，其初光，如初见的少女，充分凸显了女性的柔美婉约。下裙选择了松霜绿，是带点灰调的色彩，浅淡带有一定灰度的低饱和的绿，呈现一种通透的轻盈之感		

4. 纹样图案

上襦：袖口采用了祥云纹样，袖子以花卉藤蔓为装饰，襟领口和裙腰部分选择了桃花图案，取意“桃之夭夭，灼灼其华”，寄托了对美好生活的祝愿以及少女的情思。

下裙：裙子的图案主要以凤鸟纹为主，凤鸟纹象征着和美、安宁、幸福，乃至爱情，让人感到温馨、亲近、安全。

5. 配饰设计

褙子：常见于宋明时期，不似唐朝女子服饰的贵气飘逸，更多的是婉约、素静的感觉。所以褙子的设计更加崇尚修长适体，用料加工考究。褙子图案选择了桃花，色调柔和，整体清淡、柔和、典雅，富有浓郁的生活气息。

帔帛：选用了轻盈柔软的丝帛，常做汉服的点缀，既可体现女子的优雅温婉，又带着几分性感妩媚。

2.3.2　汉服设计制作

1. 制作背景

（1）执行菜单“文件”→“新建”，打开“新建文件”对话框，设置宽度为 30 厘米，高度为 30 厘米，分辨率为 200 像素 / 英寸，如图 2-2 所示。

（2）设置前景色为 #d9d9d4，单击“图层”面板下方的“创建新图层”按钮，使用 Alt+Del 组合键填充前景色。

完成背景制作操作后，请进行评价，“制作背景”评价表如表 2-7 所示。

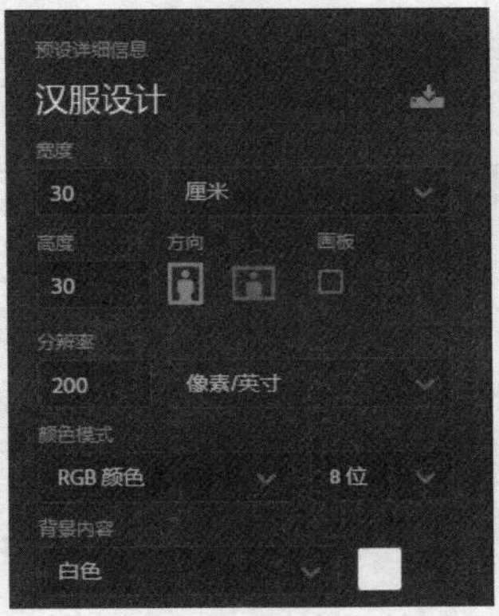

图 2-2　文件尺寸和分辨率设置

汉服设计（一）

汉服设计（二）

表 2-7 “制作背景”评价表

评 价 指 标	自评（√）	师评（√）	团队评（√）
新建文件大小、分辨率符合要求			
能熟练创建图层并正确填充			

2. 制作对襟上襦

（1）执行菜单“文件”→“置入嵌入对象”,将对襟上襦的手绘线稿导入文档中,选择“钢笔工具”沿着线稿外轮廓绘制闭合的路径,在“路径”面板上自动创建“工作路径”，双击该路径，打开“存储路径”对话框，输入名称“对襟上襦”，单击“确定”按钮，将临时的工作路径转换为永久的路径。效果如图 2-3 所示。

（2）新建图层，命名为“底色”，设置前景色为白色，在“路径”面板中选中“对襟上襦”路径，单击“填充前景色”按钮，将路径填充为“白色”，效果如图 2-4 所示。

（3）新建图层，命名为“上襦整体填色”，设置前景色为 #fbe4d0，使用 Alt+Del 组合键填充图层。选中该图层，执行“图层”→“创建剪贴蒙版”，上襦整体颜色设置完成，效果如图 2-5 所示。

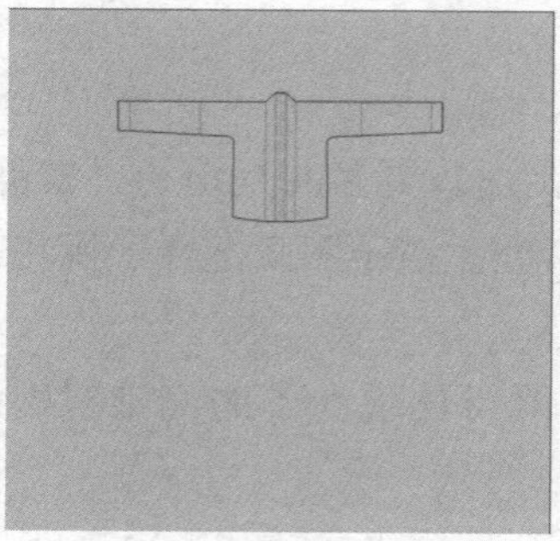

图 2-3　绘制路径

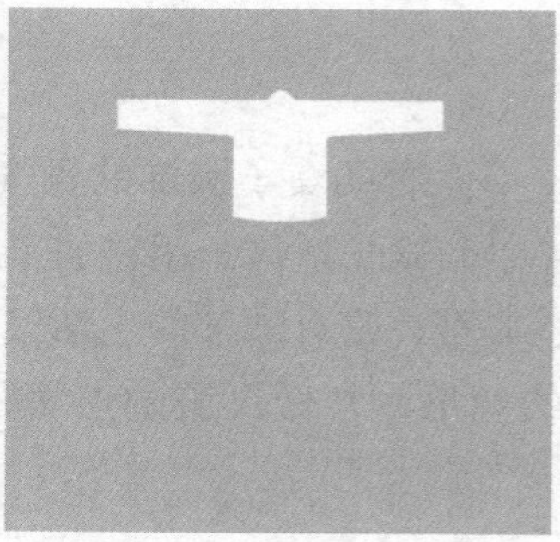

图 2-4　填充白色

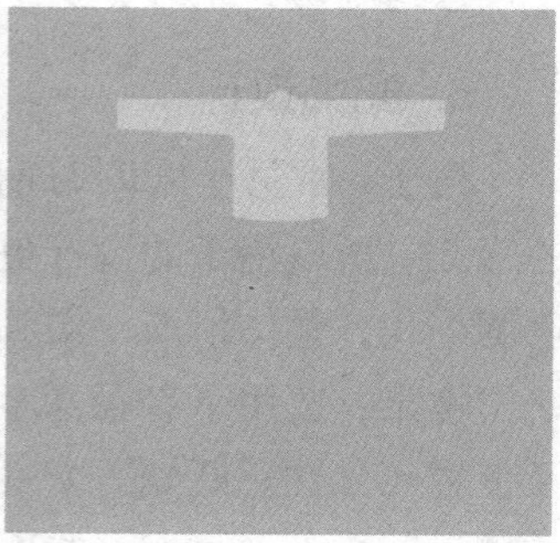

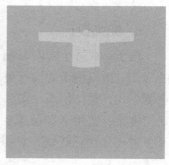

图 2-5　上襦上色

（4）使用“钢笔工具”，模式设置为“路径”，沿着线稿绘制路径，双击工作路径，将该路径命名为“细边”。新建图层，命名为“细边”，设置前景色为 #a39791，在“路径”面板中选中“细边”路径，单击“填充前景色”按钮，效果如图 2-6 所示。

（5）使用同样的方法绘制路径“对襟”“内填色”，依次进行填充，效果如图 2-7 和图 2-8 所示。使用“钢笔工具”绘制系带，设置画笔笔尖为硬边圆，大小为 3 像素，颜色为黑色，新建图层，单击“路径”面板中的“用画笔描边路径”按钮，给系带描边。

（6）使用同样的方法，依次对各路径进行描边。打开素材“袖子花纹”和“对襟领口花纹”，使用“移动工具”，将花纹移至合适的位置，对襟上襦整体效果如图 2-9 所示。

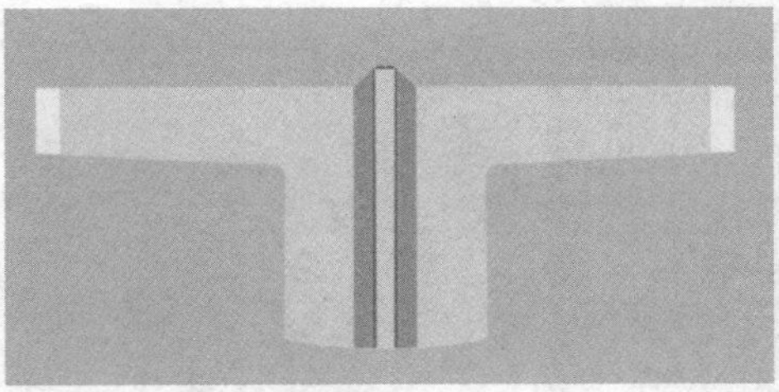

图 2-6　填充细边效果

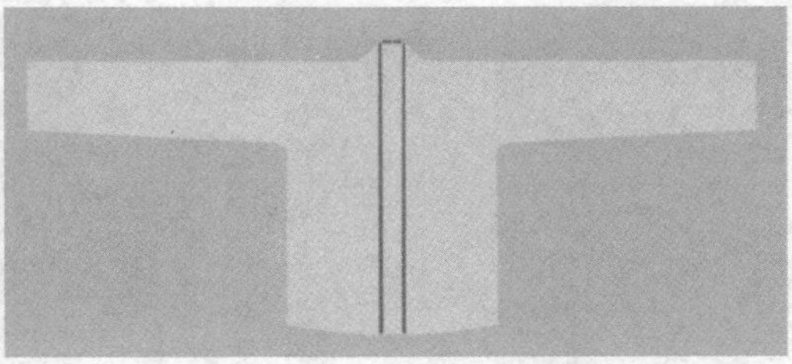

图 2-7　填充对襟效果

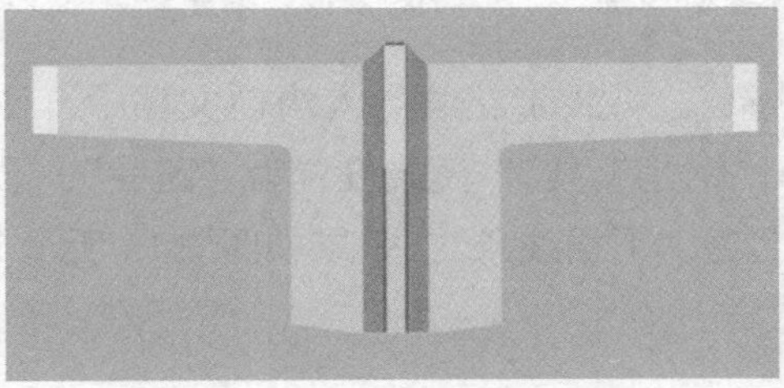

图 2-8　内填色效果

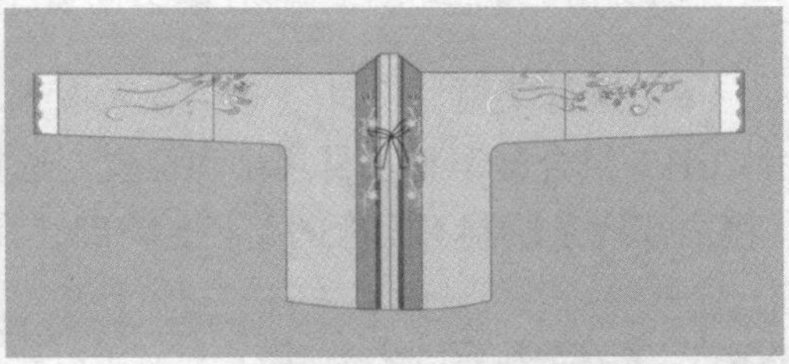

图 2-9　绘制系带、添加花纹及描边后的效果

完成对襟上襦制作操作后，请进行评价，“对襟上襦”评价表如表 2-8 所示。

表 2-8　“对襟上襦”评价表

评 价 指 标	自评（√）	师评（√）	团队评（√）
能使用钢笔工具正确绘制路径			
能熟练使用路径面板进行描边路径			
能熟练对绘制的路径填充精确的颜色			
能将素材调整到合适的大小并放置在合适的位置			

3. 绘制下裙

（1）单击“图层”面板下方的“创建新组”命令,命名为“下裙”。执行菜单“文件”→“置入嵌入对象”，将下裙线稿导入当前文档，效果如图 2-10 所示。

（2）选择“钢笔工具”，模式设置为“路径”，沿着线稿下裙外轮廓绘制闭合的路径,在“路径”面板上自动创建“工作路径”,双击该路径,打开“存储路径”对话框，输入名称“下裙外轮廓”，单击“确定”按钮，效果如图 2-11 所示。

（3）选择“渐变工具”打开“渐变编辑器”，设置渐变色标为 #efebe0 至 #a7b3a6，渐变设置如图 2-13 所示，单击“路径”面板中的“将路径作为选区载入”按钮，将路径转换为选区。

（4）创建新图层，选择“渐变工具”打开“渐变编辑器”，按住 Shift 键由上至下填充线性渐变，效果如图 2-13 所示。

（5）选择“钢笔工具”,模式设置为“路径”,沿着线稿腰带位置绘制闭合的路径，双击该路径，输入名称“下裙腰带”，设置前景色为 #a6b2a4，单击“路径”面板下方的“填充前景色”按钮，效果如图 2-14 所示。

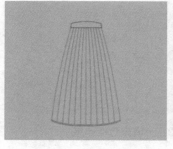

图 2-10　置入线稿

图 2-11　绘制下裙外轮廓

图 2-12　填充渐变

（6）执行菜单“文件”→“置入嵌入对象”，将腰带花纹导入当前文档中，使用 Ctrl+T 组合键调整素材大小和位置。选择“钢笔工具”，模式设置为“路径”，沿线稿内部线条绘制不闭合的路径，将路径命名为“下裙线条”，效果如图 2-15 所示。

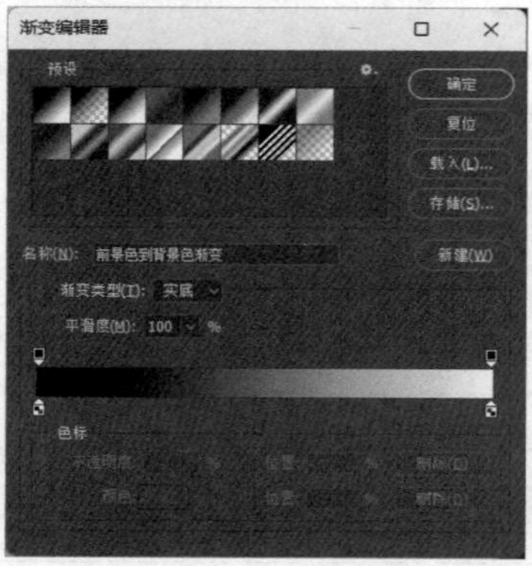

图 2-13　渐变设置

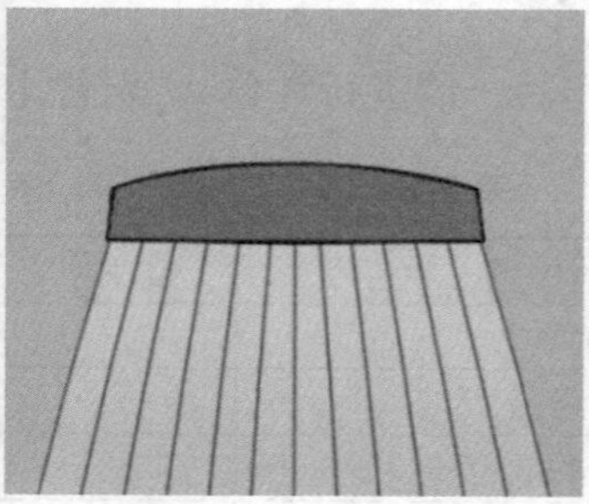

图 2-14　下裙腰带填色

图 2-15　绘制下裙线条效果

（7）新建图层，设置画笔笔尖形状为“硬边圆”，大小为“3 像素”，前景色为“白色”，选中“下裙线条”，单击“路径”面板下方的“用画笔描边路径”按钮，绘制出白色线条，依次选中路径“外轮廓”“腰带”，对路径进行描边，将线稿隐藏，效果如图 2-16 所示。

（8）选择“钢笔工具”，模式设置为“路径”，绘制外纱轮廓，效果如图 2-17 所示。

图 2-16　描边路径效果

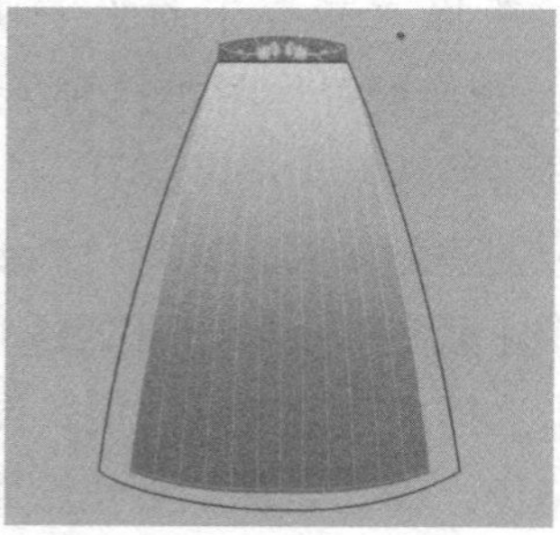

图 2-17　绘制外纱轮廓

（9）单击“路径”面板中的“将路径作为选区载入”按钮，将路径转换为选区，新建图层，将选区填充为白色，在“图层”面板上设置“不透明度”为 45%，效果如图 2-18 所示。

（10）在“路径”面板空白处单击，隐藏路径，执行菜单“文件”→“置入嵌入对象”，将裙子花纹导入当前文档中，按 Ctrl+T 组合键调整素材大小和位置，下裙效果制作完毕，整体效果如图 2-19 所示。

图 2-18　填充外纱效果

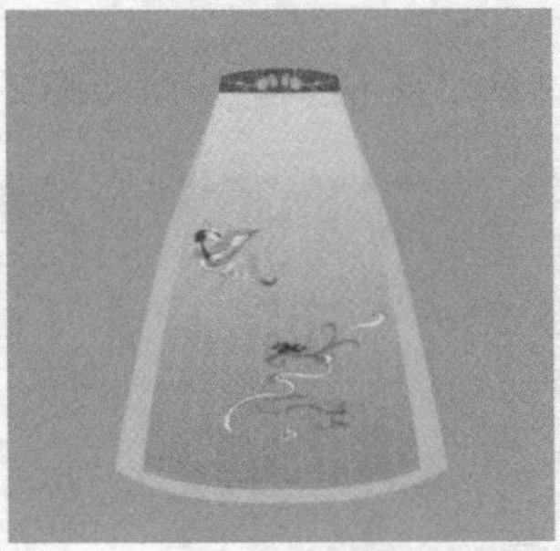

图 2-19　置入花纹效果

完成绘制下裙操作后，请进行评价，“绘制下裙”评价表如表 2-9 所示。

表 2-9　“绘制下裙”评价表

评 价 指 标	自评（√）	师评（√）	团队评（√）
能设置图层的透明度等信息			
能使用钢笔工具正确绘制路径，并进行描边			
能使用渐变工具填充渐变色			
能将素材调整到合适的大小并放置在合适的位置			

4. 制作系带

（1）单击“图层”面板下方的“创建新组”命令，命名为“系带”。执行菜单“文件”→“置入嵌入对象”，将系带线稿导入当前文档，效果如图 2-20 所示。

（2）选择“钢笔工具”，模式设置为“路径”，沿着线稿绘制闭合的路径，双击该路径，打开“存储路径”对话框，输入名称“绿色系带”，单击“确定”按钮，效果如图 2-21 所示。

（3）新建图层，设置前景色为 #768e6d，单击“路径”面板下方的“填充前景色”按钮，将路径填充为绿色，效果如图 2-22 所示。

（4）重复上述步骤，依次绘制出“橙色系带”“橙色间隔”“绿色间隔”路径，并分别填充前景色 #ddb28c、#768e6d、#ddb28c，效果如图 2-23~ 图 2-25 所示。

（5）新建图层，设置画笔笔尖形状为“硬边圆”，大小为“3 像素”，前景色为“白色”，选中“绿色系带”，单击“路径”面板下方的“用画笔描边路径”按钮，绘制出白色线条，依次选中路径“橙色系带”“绿色间隔”，对路径进行描边，将线稿隐藏，系带效果如图 2-27 所示。

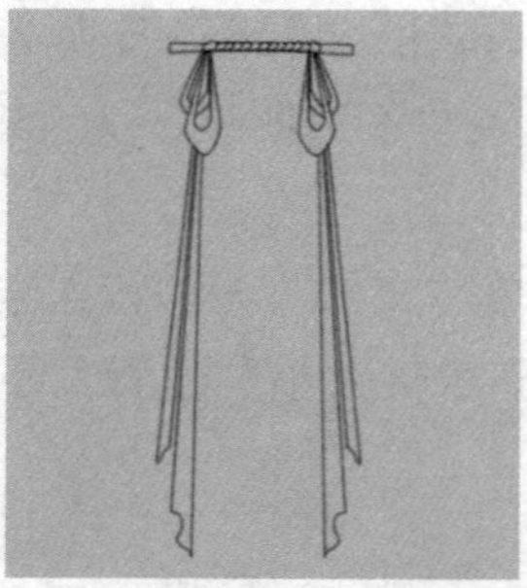
图 2-20　系带线稿

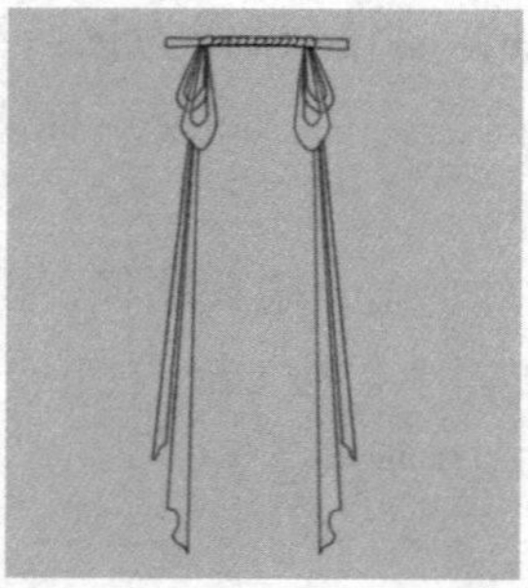
图 2-21　绘制绿色系带路径

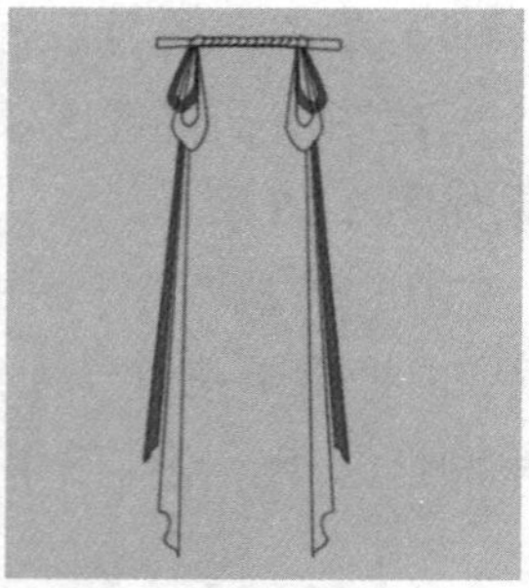
图 2-22　绿色系带填充效果

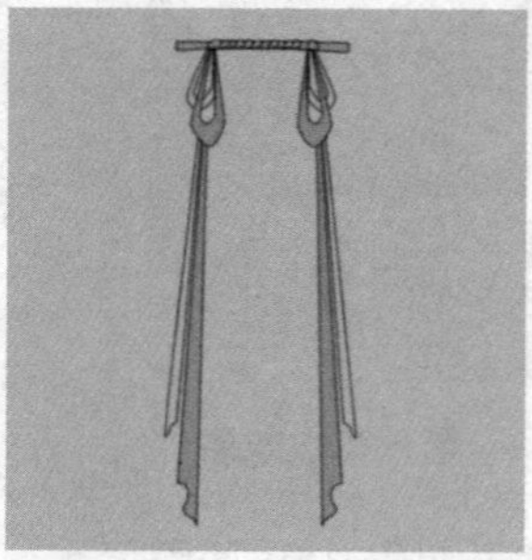
图 2-23　橙色系带效果

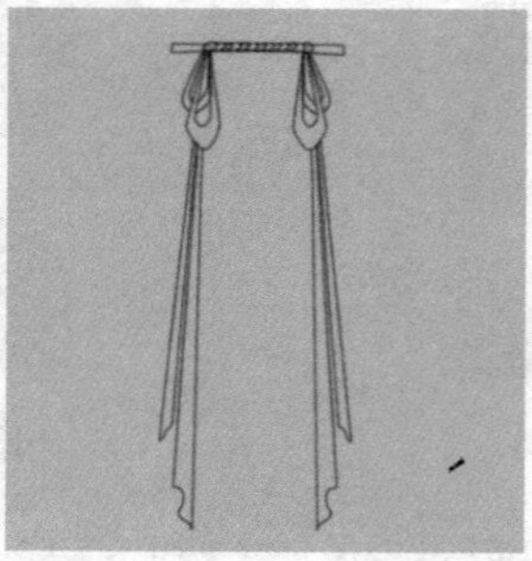
图 2-24　橙色间隔效果

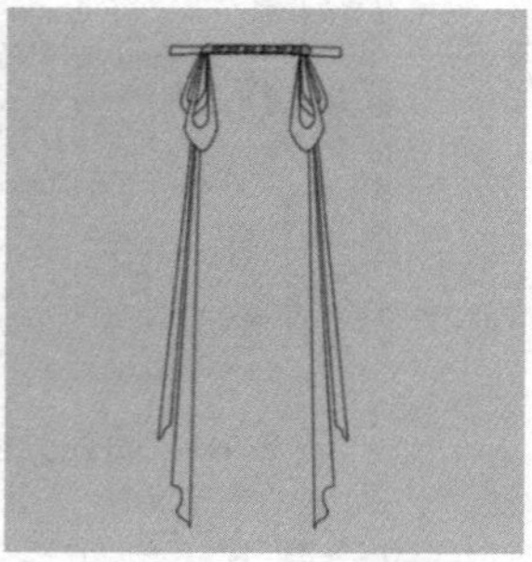
图 2-25　绿色间隔效果

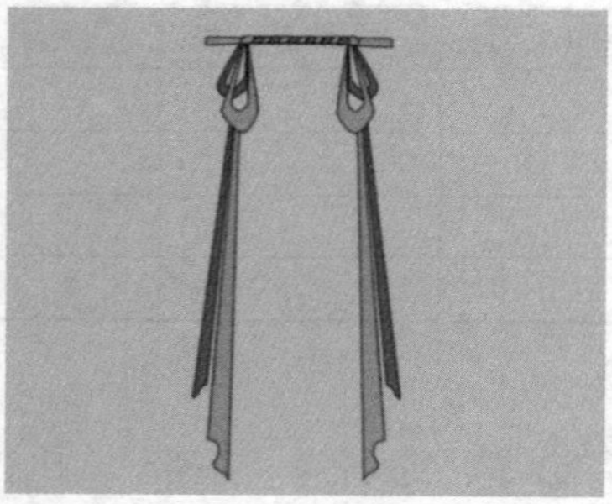
图 2-26　填充后效果

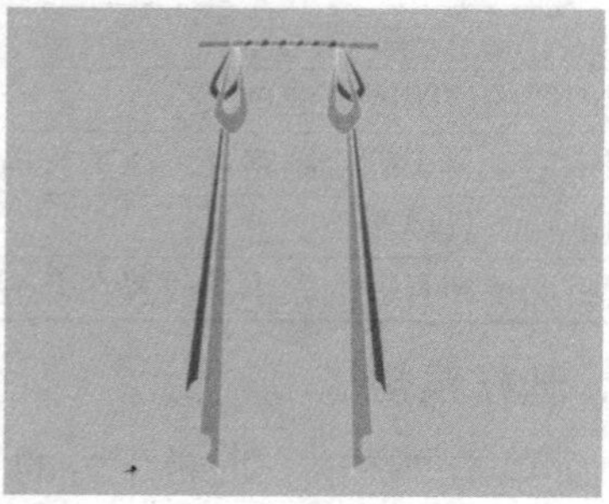
图 2-27　描边后整体效果

完成系带制作后，请进行评价，“系带”评价表如表 2-10 所示。

表 2-10　“系带”评价表

评 价 指 标	自评（√）	师评（√）	团队评（√）
能置入嵌入对象			
能使用钢笔工具正确绘制路径			
能用路径面板中的画笔描边路径绘制线条			
能对路径进行填充和描边			

5. 制作帔帛

（1）单击“图层”面板下方的“创建新组”命令，命名为“帔帛”。执行“文件”→“置入嵌入对象”，将帔帛线稿导入当前文档。

（2）选择“钢笔工具”，模式设置为“路径”，沿着线稿绘制闭合的路径，双击该路径，打开“存储路径”对话框，输入名称“帔帛”，单击“确定”按钮，效果如图 2-28 所示。

（3）新建图层，设置前景色为 #aab9a7，单击“路径”面板下方的“填充前景色”按钮，将路径填充为绿色，设置“不透明度”为 30%，效果如图 2-29 所示。

（4）选择“钢笔工具”，模式设置为“路径”，沿线稿内部线条绘制不闭合的路径，将路径命名为“帔帛线条”。

（5）新建图层，在“画笔工具”选项栏中设置画笔笔尖形状为“硬边圆”，大小为“3 像素”，前景色为“白色”，单击“压力”按钮。选中“披帛”路径，按住 Alt 键单击“路径”面板下方的“用画笔描边路径”按钮，弹出“描边路径”对话框，选择“工具”为画笔，勾选“模拟压力”，对路径进行描边。使用同样的方法，对“帔帛线条”进行描边。将线稿隐藏，帔帛效果如图 2-30 所示。

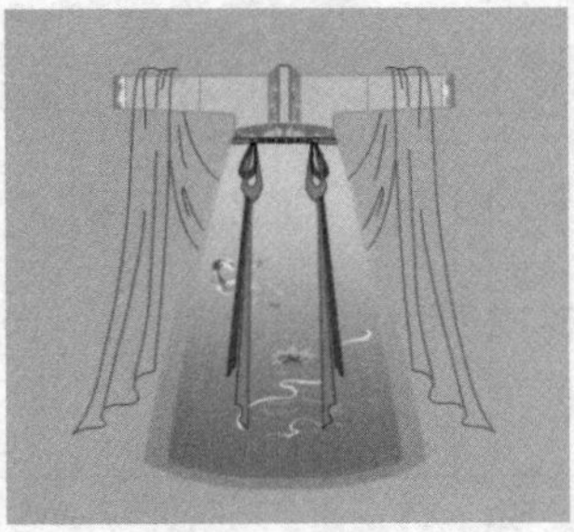
图 2-28　帔帛路径效果

图 2-29　上色后效果

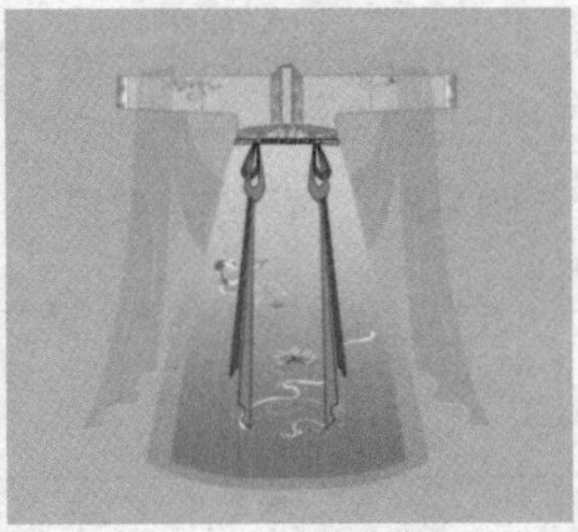
图 2-30　描边后效果

完成披帛制作后，请进行评价，“披帛”评价表如表 2-11 所示。

表 2-11　“披帛”评价表

评 价 指 标	自评（√）	师评（√）	团队评（√）
能置入嵌入对象			
能使用钢笔工具正确绘制路径			
能在描边路径中设置模拟压力，绘制自然笔触的线条			
能对路径进行填充，并设置透明度信息			

6. 制作褙子

（1）单击“图层”面板下方的“创建新组”命令，命名为“褙子”。执行菜单“文件”→“置入嵌入对象”，将褙子线稿导入当前文档。

（2）选择“钢笔工具”，模式设置为“路径”，沿着线稿外轮廓绘制闭合的路径，双击该路径，打开“存储路径”对话框，输入名称“褙子”，单击“确定”按钮，效果如图 2-31 所示。

（3）新建图层，设置前景色为“白色”，单击“路径”面板下方的“填充前景色”按钮，将路径填充为白色，设置“不透明度”为70%，效果如图2-32所示。

（4）选择“钢笔工具”，模式设置为“路径”，沿线稿内部线条绘制不闭合的路径，将路径命名为“褙子线条”。

（5）新建图层，设置画笔笔尖形状为“硬边圆”，大小为“3像素”，前景色为白色，选中“褙子”，单击“路径”面板下方的“用画笔描边路径”按钮，绘制出白色线条，选中“褙子线条”，进行同样操作，将线稿隐藏，褙子效果如图2-33所示。

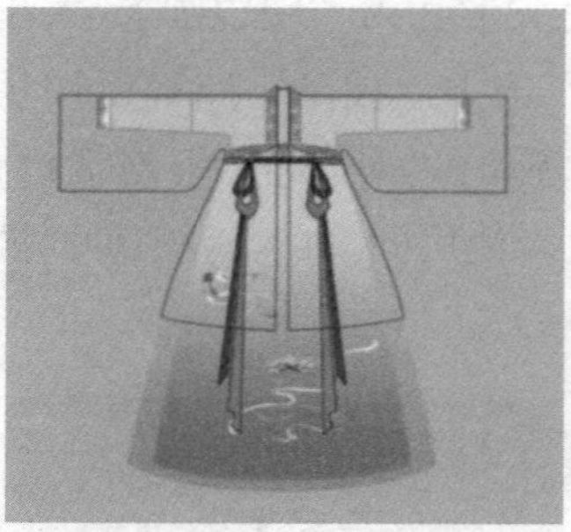
图2-31　褙子路径效果

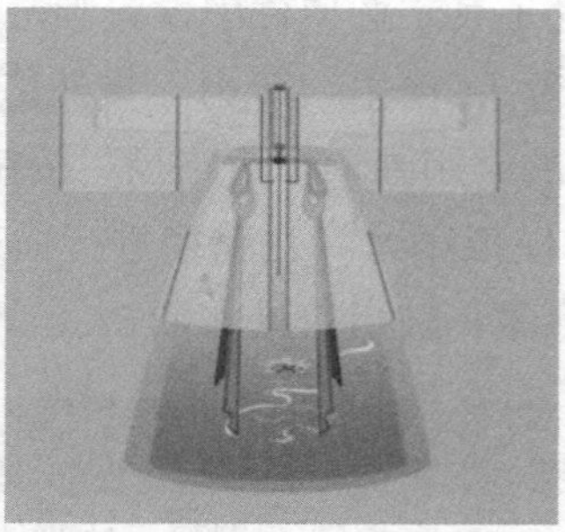
图2-32　上色效果及褙子线条

图2-33　描边后效果

完成褙子制作后，请进行评价，“褙子”评价表如表2-12所示。

表2-12　“褙子”评价表

评 价 指 标	自评（√）	师评（√）	团队评（√）
能使用钢笔工具正确绘制路径并进行描边			
能对路径进行填充，并设置透明度信息			
能正确填充图案，并设置图层混合模式			

7. 文件存储、归档

（1）按下Ctrl+Shift+S组合键，弹出“存储为”对话框，选择文件格式为.psd，文件名输入“汉服设计”，单击“保存”按钮。

（2）关闭文件，回到文件夹，整理素材、源文件。

完成文件存储操作后，请进行评价，“文件存储”评价表如表2-13所示。

表2-13　“文件存储”评价表

评 价 指 标	自评（√）	师评（√）	团队评（√）
能完成图层的复制、调整顺序			
能对图层进行合并和整理			
能正确保存文件，做好文件归档整理			

2.4 汉服设计技能梳理

本项目技能梳理思维导图如图 2-34 所示。

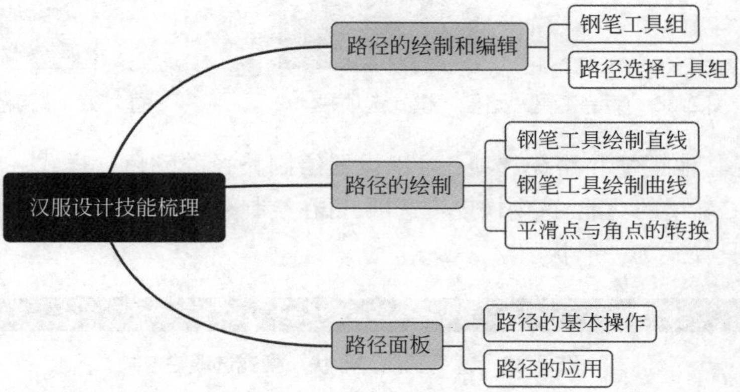

图 2-34　项目 2 思维导图

2.4.1　路径的绘制和编辑

钢笔工具组包括“钢笔工具”“自由钢笔工具”“弯度钢笔工具”“添加锚点工具”“删除锚点工具”和“转换点工具”，如图 2-35 所示。结合使用钢笔工具组中的工具可以绘制各种形状的矢量图形和复杂的路径。

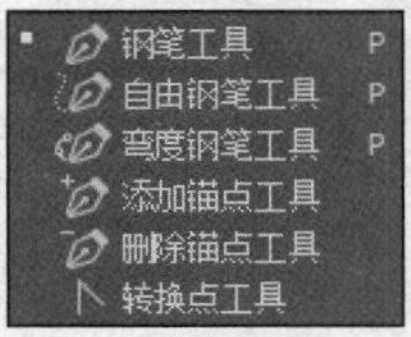

图 2-35　钢笔工具组

1. 钢笔工具组

1 ）钢笔工具

钢笔工具是常用的路径创建工具。按住 Shift 键，可以绘制水平、垂直或倾斜 45° 角的标准直线路径。使用该工具可以绘制任意形状的直线或曲线路径；可绘制闭合的路径、开放的路径。

选择钢笔工具，单击，可创建直线路径；单击并拖动鼠标可绘制曲线路径；当回到起点时，单击可绘制闭合路径；未回到起点时，按住 Ctrl 键在线段外单击创建不闭合路径。

使用钢笔工具选取曲面物体时要注意以下几点：一是在轮廓的角点处创建锚点；二是尽可能创建少的锚点，这样有利于路径形态的调整；三是当锚点位置创建不正确时，按下 Delete 键可以删除。连续两次按下 Delete 键，可以删除整个路径。

钢笔工具模式有“形状”和“路径”两种。

（1）工具模式为“路径”

① 建立：“路径”模式选项栏如图 2-36 所示。绘制完路径后单击相应的按钮，即可将路径转换为选区、矢量蒙版和形状图层。

② 路径操作：选项如图 2-37 所示，可以实现新绘制的路径与图像中原路径的相加、相减和相交等运算（新建图层仅在“形状”模式时可用）。

图 2-36　钢笔工具“路径”模式选项栏

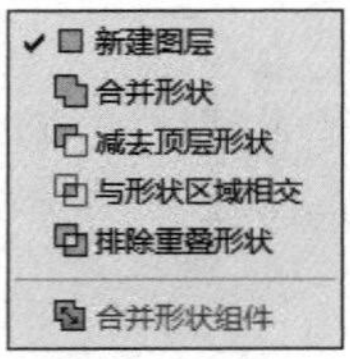

图 2-37　“路径操作”模式

③ 设置其他钢笔和路径选项：可以设置绘制路径的颜色、样式、粗细，这是 Photoshop CC 新增的功能。选中橡皮带选项，可在绘制路径的同时观察到路径的走向。

（2）工具模式为“形状”

图 2-38　钢笔工具“形状”模式选项栏

① 填充：包括“无”“纯色”“渐变”“图案”四种模式，单击“设置填充类型”按钮，从弹出的选项面板中可以选择填充的类型，如图 2-39 所示。

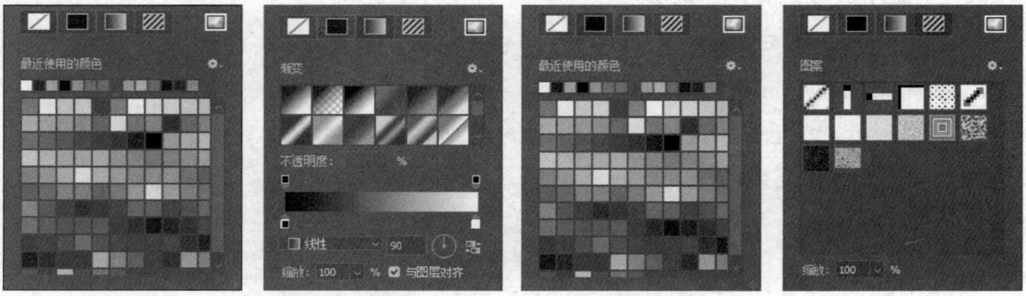

(a) 无　(b) 纯色　(c) 渐变　(d) 图案

图 2-39　填充模式的选项面板

② 描边：可以设置描边类型、描边宽度和描边线型。描边类型包括无、纯色、渐变和图案。

③ 宽和高：文本框内可以显示已经绘制完成的形状尺寸，或者更改形状的宽度（W）和高度（H）。

④ 对齐边缘：绘制形状时可自动对齐到网格，执行菜单“视图”→“显示”→“网格”命令，显示网格，常用于标准路径的绘制。

2）自由钢笔工具

使用“自由钢笔工具”绘制路径时，系统会根据鼠标的轨迹自动生成锚点和路径，其选项栏与“钢笔工具”相比，增加了“磁性的”选项，单击，其选项面板如图 2-40 所示。

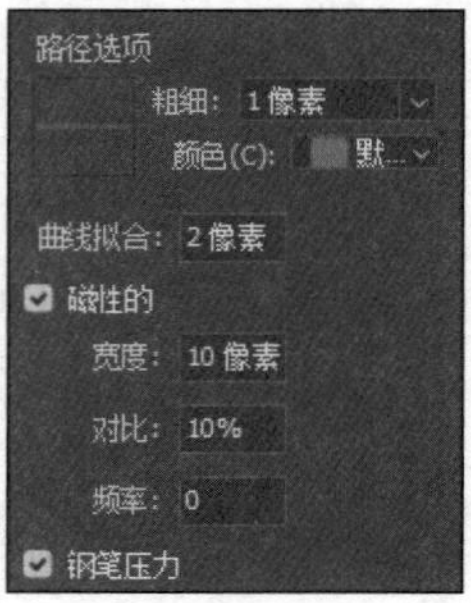

图 2-40　“路径选项”面板

“磁性的”：勾选此选项，该工具将变为“磁性钢笔工具”，使用该工具可以像使用“磁性套索工具”一样，沿图像中颜色对比度强的边缘自动铺设锚点，快速勾勒出对象的轮廓。

3）弯度钢笔工具

“弯度钢笔工具”是 Photoshop CC 新增的功能，使用该工具可以更便捷地绘制直线和曲线路径，与“钢笔工具”相比，其最大的特点就是无须切换工具就能创建、切换、编辑、添加或删除平滑点或角点。

选择弯度钢笔工具，分别在绘图窗口单击确定线段的两个锚点，此时生成直线路径，移动鼠标后直线路径变换成曲线路径，如图 2-41 所示；当鼠标指针移至锚点上，变为箭头时单击可拖移锚点；当鼠标指针移至路径上，变为添加锚点形状时单击可直接添加锚点；平滑点与角点的转换，只需双击锚点。

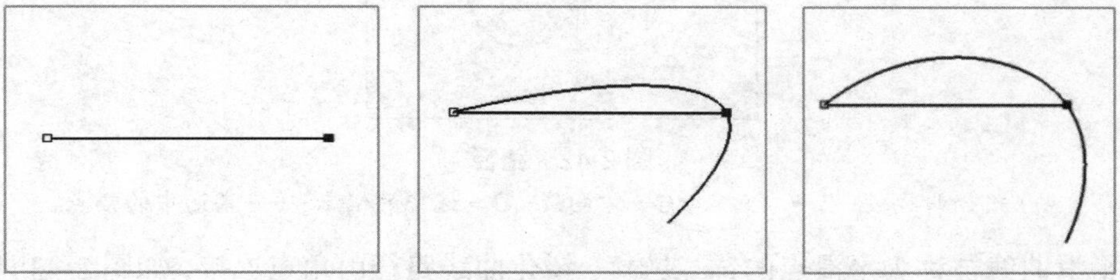

图 2-41　弯度钢笔工具绘制路径

4）添加锚点工具和删除锚点工具

选择“添加锚点工具”，将鼠标指针移至路径上，变为添加锚点形状时单击可添加锚点；选择“删除锚点工具”，将鼠标指针移至锚点上，变为删除锚点形状时单击可删除锚点。

5）转换点工具

锚点可以分为角点和平滑点两种，使用“转换点工具”可以实现平滑点与角点间的相互转换。

2. 路径选择工具组

路径选择工具组包括“路径选择工具”和“直接选择工具”，这两个工具主要用来选择和调整路径的形状，修改路径及形状属性。

（1）路径选择工具

“路径选择工具”可以用来选择单个路径或多个路径组件；也可以直接拖动鼠标实现移动路径或按住 Alt 键的同时拖动鼠标实现复制路径；还可以用来组合、分布和对齐各路径组件，利用其工具选项栏可对已有形状进行修改。

（2）直接选择工具

“直接选择工具”用来移动路径上的锚点或线段，也可移动方向线。使用“直接选择工具”编辑路径时，直接单击，锚点全部显示为空心，表示该路径组件被选取；

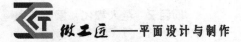

在某个锚点上单击，变为黑色，表示当前编辑的锚点，可以进行移动、删除等操作。

2.4.2 路径的绘制

路径由一个或多个直线段或曲线段组成，锚点标记路径段的端点，如图 2-42 所示。在曲线段上，每个选中的锚点显示一条或两条方向线，方向线以方向点结束。方向线和方向点的位置决定曲线段的大小和形状。移动这些图素将改变路径中曲线的形状。路径可以是闭合的，没有起点或终点（圆圈）；也可以是开放的，有明显的终点（如波浪线）。

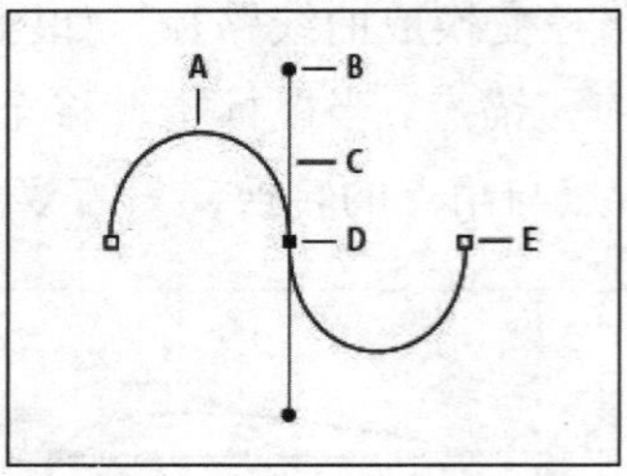

图 2-42 路径

A—路径曲线段；B—方向点；C—方向线；D—选中的锚点；E—未选中的锚点

平滑曲线被称为平滑点的锚点链接，锐化曲线路径由角点连接，如图 2-43 所示。

当在平滑点上移动方向线时，将同时调整平滑点两侧的曲线段。相比之下，当在角点上移动方向线时，只调整与方向线同侧的曲线段，如图 2-44 所示。

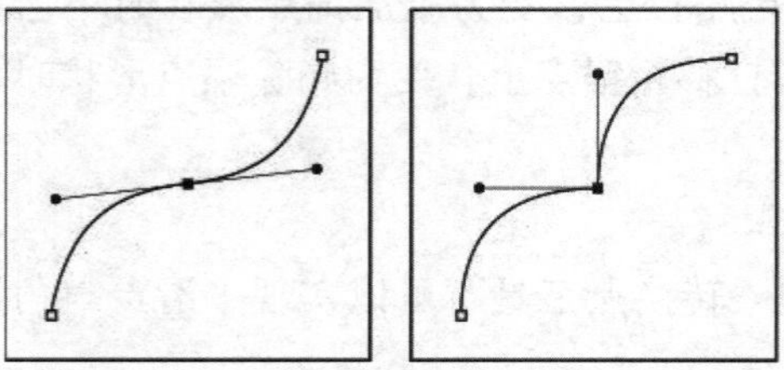

图 2-43 平滑点和角点

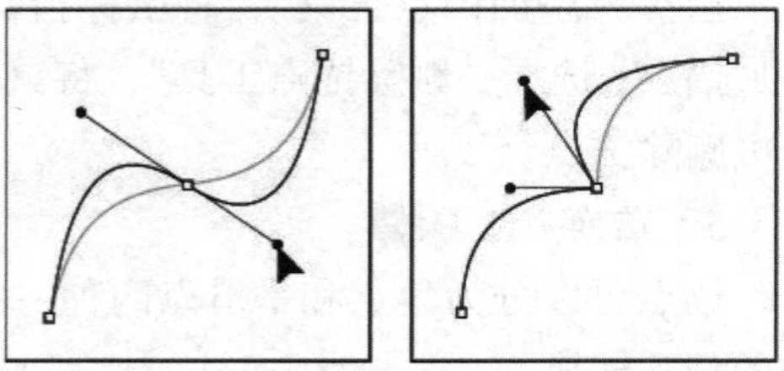

图 2-44 调整平滑点和角点

1. 钢笔工具绘制直线

用“钢笔”工具可以绘制的简单路径是直线（图 2-45），方法是通过单击“钢笔”工具创建两个锚点。继续单击可创建由角点连接的直线段组成的路径。

将钢笔工具定位到所需的直线段起点并单击，以定义第一个锚点（不要拖动）。继续单击可以为其他直线段设置锚点。最后添加的锚点总是显示为实心方形，表示已选中状态。当添加更多的锚点时，以前定义的锚点会变成空心并被取消选择，连续单击返回到起点闭合路径。

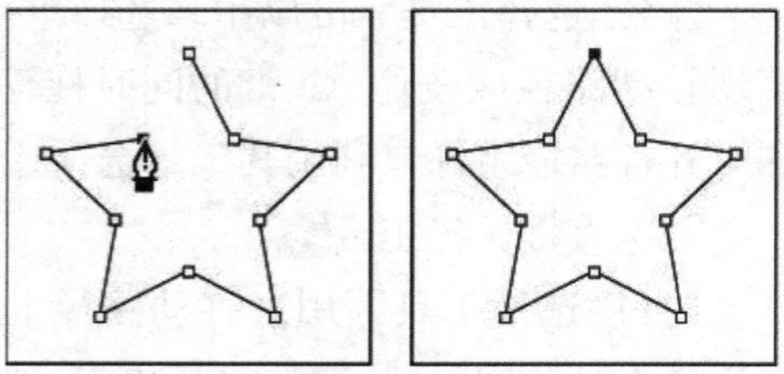

图 2-45 钢笔工具绘制图形

2. 钢笔工具绘制曲线

可以通过如下方式创建曲线：在曲线改变方向的位置添加一个锚点，然后拖动构成曲线形状的方向线。方向线的长度和斜度决定了曲线的形状。

将钢笔工具定位到曲线的起点，并按住鼠标按钮。此时会出现第一个锚点，同时钢笔工具指针变为一个箭头（在 Photoshop 中，只有在开始拖动后，光标才会发生改变）。拖动以设置要创建的曲线段的斜度，然后松开鼠标按钮，如图 2-46 所示。

一般而言，将方向线向计划绘制的下一个锚点延长约三分之一的距离。

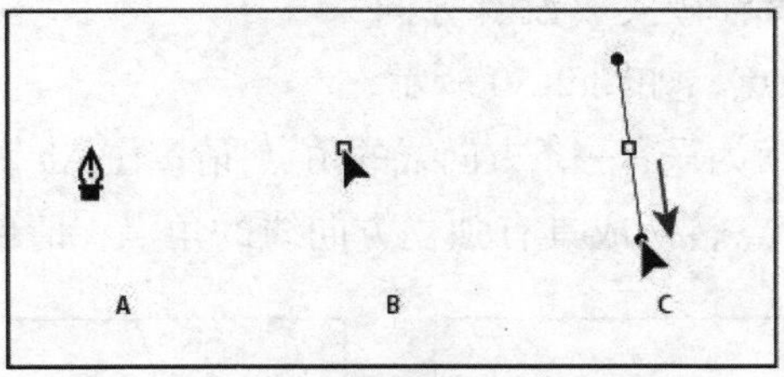

图 2-46　拖动曲线中的第一个点

A—定位“钢笔”工具；B—开始拖动（按下鼠标按钮）；C—拖动以延长方向线

若要创建 C 形曲线，请向前一条方向线的相反方向拖动。然后松开鼠标按钮，如图 2-47 所示。

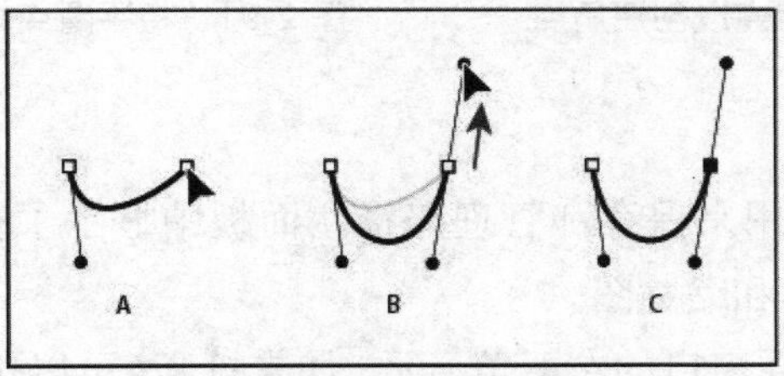

图 2-47　绘制曲线中的第二个点

A—开始拖动第二个平滑点；B—向远离前一条方向线的方向拖动，创建 C 形曲线；C—松开鼠标按钮后的结果

若要创建 S 形曲线，请按照与前一条方向线相同的方向拖动，然后松开鼠标按钮，如图 2-48 所示。

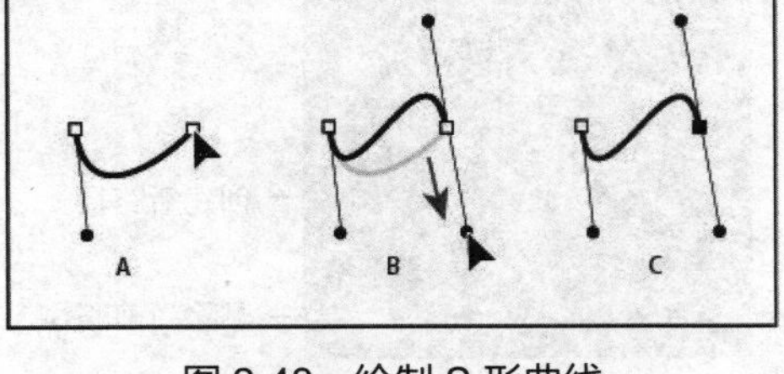

图 2-48　绘制 S 形曲线

A—开始拖动新的平滑点；B—按照与前一条方向线相同的方向拖动，创建 S 形曲线；C—松开鼠标按钮后的结果

3. 在平滑点与角点的转换

选择要修改的路径，选择转换点工具 ，或按住 Alt 键使用钢笔工具。将“转换点工具”放置在要转换的锚点上方，然后执行以下操作之一：

（1）要将角点转换成平滑点，请向角点外拖动，使方向线出现，如图 2-49 所示；

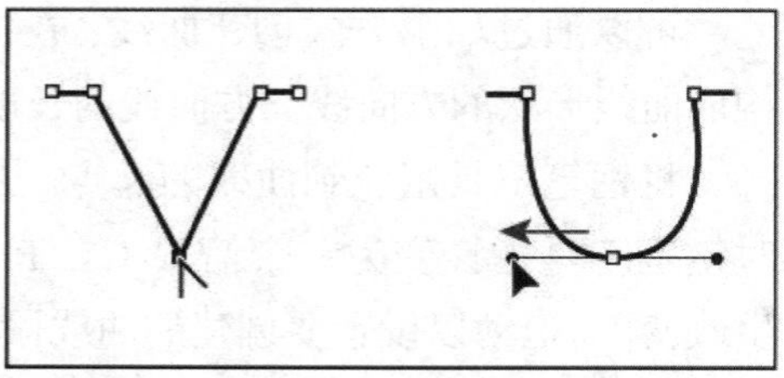

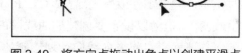

图 2-49　将方向点拖动出角点以创建平滑点

（2）如果要将平滑点转换成没有方向线的角点，请单击平滑点，如图 2-50 所示；

（3）要将平滑点转换为只有一条方向线的角点，请按住 Alt 键，单击平滑点（图 2-51）。

（4）如果要将平滑点转换成具有独立方向线的角点，请单击并拖动任一方向点。

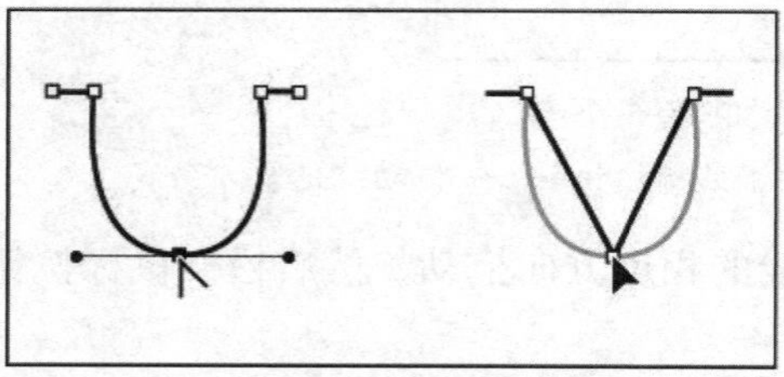

图 2-50　单击平滑点以创建角点

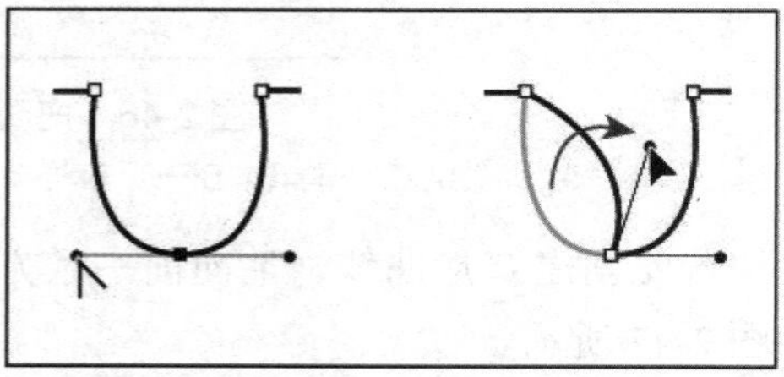

图 2-51　将平滑点转换成独立方向线的角点

2.4.3　路径面板

“路径”面板主要用来保存和管理路径。面板中显示了存储的所有路径、工作路径和矢量蒙版的名称和缩览图。

“路径”面板默认在窗口的右下角显示，如未打开，可以执行“窗口”→“路径”命令，打开“路径”面板，其面板及面板菜单如图 2-52 所示。

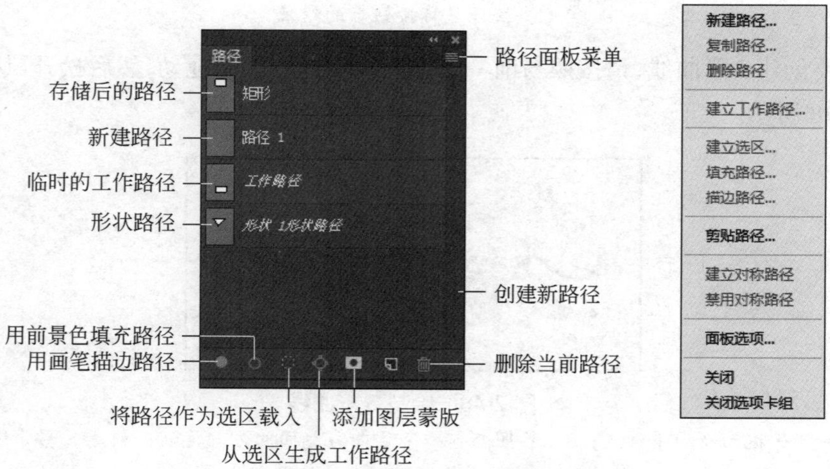

图 2-52　“路径”面板及面板菜单

1. 路径的基本操作

（1）路径的选择与取消

选择路径，单击“路径”面板中的路径名即可；如要取消路径的选择，单击“路径”面板中的灰色空白区域或按 Esc 键取消。

（2）创建新路径

单击“创建新路径”按钮会以默认名称“路径 1，路径 2，……”新建路径；选择面板菜单的“新建路径”命令或按住 Alt 键单击“创建新路径”按钮，弹出“新建路径”对话框，可输入路径名称。

（3）将工作路径存储为永久路径

直接绘制的路径为“工作路径”，“工作路径”为临时的路径，一旦重新绘制，原工作路径就会被当前路径代替。如果想保存工作路径不被代替，可双击路径缩览图弹出“存储路径”对话框，将其存储或拖至“创建新路径”按钮上以默认名称存储。

（4）复制路径

在“路径”面板中选择要复制的路径（临时的工作路径除外），拖动至创建新图层按钮上或选择“路径”面板菜单的“复制路径”命令。

（5）删除路径

若要删除某个不需要的路径，可将其拖至“删除当前路径”按钮上或直接按 Delete 键删除。

2. 路径的应用

（1）填充路径

直接单击“路径”面板底部的“用前景色填充路径”按钮，将以默认的前景色进行填充；按住 Alt 键单击该按钮或选择面板菜单的“填充路径”命令，弹出“填充路径”对话框，设置后进行填充，对话框及使用列表选项如图 2-53 所示。

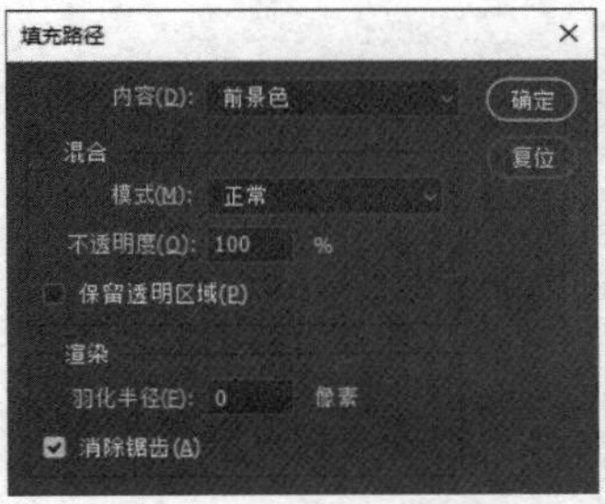

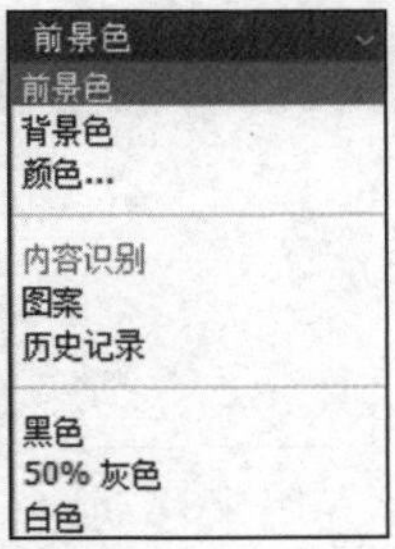

图 2-53 “填充路径”对话框及使用列表选项

（2）描边路径

单击“路径”面板底部的“用画笔描边路径”按钮，可使用画笔的默认设置进行描边。

按住 Alt 键单击该按钮，会弹出“描边路径”对话框，选择需要的工具后进行描边。

选择面板菜单的“描边路径”命令，弹出如图 2-54 所示的“描边路径”对话框，选择相应的工具后进行描边。

（3）将路径转换为选区

直接单击“路径”面板底部的“将路径作为选区载入”按钮，以默认设置将路径转换为选区；按住 Alt 键单击该按钮或选择面板菜单的“建立选区”命令，弹出如图 2-55 所示的“建立选区”对话框，可以设置“羽化半径”等选项。

（4）从选区生成工作路径

直接单击“路径”面板底部的“从选区生成工作路径”按钮，以默认设置将选区转换为工作路径；按住 Alt 键单击该按钮，弹出如图 2-56 所示的“建立工作路径”对话框，可以设置“容差”，其值越大，绘制路径的锚点越少，路径越平滑。

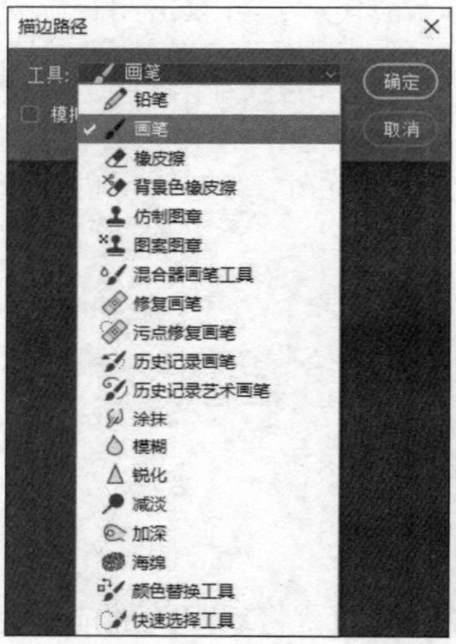

图 2-54 “描边路径”对话框

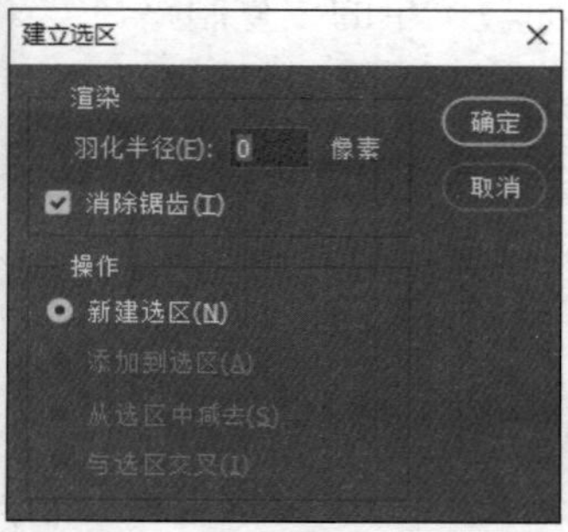

图 2-55 “建立选区”对话框

图 2-56 “建立工作路径”对话框

2.5 汉服设计项目检测

1. 填空题

（1）钢笔工具有__________和__________两种模式。

（2）__________用来移动路径上的锚点或线段，也可移动方向线。__________用来移动或者复制路径。

（3）按__________键，可以绘制水平、垂直或倾斜 45° 角的标准直线路径。按__________键，可绘制不闭合的路径。

2. 选择题

（1）下列说法正确的是（　　）。

A. “钢笔工具”不可以按照一定的角度创建路径
B. 用钢笔工具绘制不闭合的路径需要借助于 Shift 键
C. 再次单击工具箱中的钢笔工具可以结束绘制创建不闭合
D. 以上都不对

（2）“钢笔工具”的橡皮带工具的功能是（　　）。
A. 绘制时可以显示网格　　B. 绘制时可以看见角度
C. 绘制时可以显示距离　　D. 绘制时可以观察到路径走向

3. 设计题

尝试以“锦鲤与荷花”为主题，设计一款交领明制袄裙，效果如图 2-57 所示。要求：版型绘制准确，配色舒适大气，图案的设计符合主题要求，并与整体设计稿搭配协调。

图 2-57　明制袄裙效果图

明制袄裙设计

项目 3

享受过程，道技合一

——从勇破藩篱的宋元印刷学《做工匠》书籍封面设计

项目导入

封面设计指为书籍设计封面，封面是装帧艺术的重要组成部分，犹如音乐的序曲，是把读者带入内容的向导。在设计之余，感受设计带来的魅力，感受设计带来的烦忧，感受设计带来的欢乐。封面设计要遵循平衡、韵律与调和的造型规律，突出主题，大胆设想，运用构图、色彩、图案等知识，设计出比较典型，富有情感的封面，提高设计应用的能力。书籍是人类进步的阶梯；可以陶冶情操，但再好的书也少不了一个吸引人的封面。所以作为设计师，应该为一本书设计出适合且有吸引力的封面，让读者有兴趣拿起阅读并购买。

项目简介

项目描述	以《做工匠》为书名，辅以工匠精神相关文案，设计书籍封面（图 3-1），尺寸 42.6cm×29.1cm，分辨率 300 像素 / 英寸，可以用图案或字体设计突出主题。

设计要求

运用图层的混合模式、图层样式、剪贴蒙版等技术，为《做工匠》寻找时代背景，《做工匠》以改革开放前的江南水乡和改革开放后的上海作为背景底图，充分反映了工匠精神在时代背景下的作用，同时也可以对字体进行创新设计。

样例展示

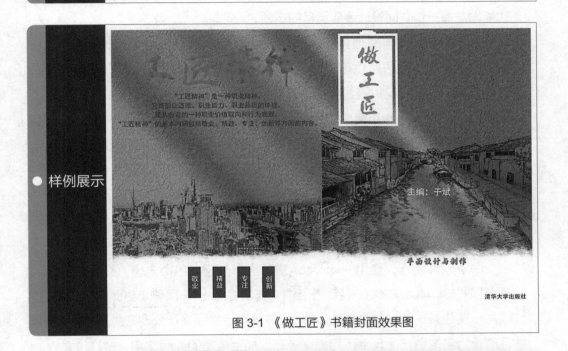

图 3-1　《做工匠》书籍封面效果图

企业导师寄语

同学们，一本书籍的封面作用非常重要，优秀的封面总是能够唤起潜在读者的兴趣并促成他们的购买行为。在书籍封面设计中，以书籍为核心，以读者为受众，两者结合分析，才可以设计出突出书籍信息的封面，让读者可以“赏心悦目”。这一过程不是一蹴而就的，而是需要经过不断的分析与研究，才能有助于书籍的推广。在接到设计要求后，通常按照五个步骤进行设计。

（1）构思阶段。把握准书籍的主题思想、精神特质、风格相对应的基调，形成对其视觉表达的总体印象，确定书籍封面设计的类型、风格和品质等。考虑印刷、装订、裁切等工艺，计划材料、体量与品质。封面设计师面对抽象的概念和构想时，必须经过具体过程，即化抽象概念为具象的塑造，才能把脑中所想到的形象、色彩、质感和感觉化为具有真实感的事物。封面设计的过程是非常微妙的。一个好构想会瞬息即逝，封面设计师必须立刻捕捉脑中的构想。封面设计在理念上往往要超越国界、时空等距离，可以用语言、文字来描述、传达。但是，作为人类的共同语言，绘图是封面设计者必须具备的技能。绘图的意义就像音乐家手中的五线谱一样，一目了然。所以说，封面设计表现的表达能力是每一位封面设计者应具备的本领。

（2）素材搜集与整理。首先要寻找合适的封面图像（方法有很多：可以将实拍的照片输进去，也可以通过扫描的方法或者从图库光盘里找到合适的封面素材，另外还可以通过手绘的形式绘制素材）。封面设计师的想象不是纯艺术的幻想，而是利用科学技术把想象转化为对人有用的实际产品。这就需要把想象先加以视觉化，这种把想象转化为现实的过程，就是运用封面设计专业的特殊绘画语言，把想象表现在图纸上的过程。所以，封面设计师必须具备良好的绘画基础和一定的空间立体想象力。封面设计师拥有精良的表现技术，才能在绘图中得心应手，才会充分地表现产品的形、色、质感，引起人们感觉上的共鸣。

（3）软件制作。使用 Photoshop 进行图像处理，包括大小、亮度、色彩、颜色模式等，输入文本（书名、出版社、作者名等），布局整个封面的版式（可以加一些线条、色块等来辅助排版）。许多产品封面设计公司在生产出新型产品时，为了推销产品，会运用摄影技巧，加上精美的说明文字，做广告宣传。但是摄像机无法表现超现实的、夸张的、富有想象力的画面。这时运用绘画专业的特殊技法，在效果上会更加突出。因为人类具有很强的表现能力，可以随意添加主观想象，将产品夸张或有意地简略概括。与摄像机相比，表现图比摄像机拍出的产品多了几分憧憬和神秘感。照相机技术无法满足无穷无际的想象。因此，封面设计表现图是推销产品的武器。

（4）产品提案与沟通。向客户提供设计思路、设计特色、设计效果图，与客户进一步交流、沟通、修正，确保客户满意度。在封面设计师思考的领域里，采用集体思考的方式来解决问题。互相启发，互相提出合理性建议，进行结构上的比较。现代工业封面设计不同于传统的手工艺品的封面设计，传统的手工艺品的封面设计和制作同出一人之手，而现代工业生产的产品封面设计者和生产制造者不可能是个体，工业封面设计经常是一种群体性的工作。因此，产品造型封面设计师在构想制作产品之前，必须向有关方面人员——企业决策人、工程技术人员、营销人员，乃至使用者或消费者，说明该产品的有关情况，以便在该产品政策不变的情况下，制造出最有利于生产美观且受欢迎的产品。在产品生产酝酿过程中，生产者对产品的了解程度越高，越能更好、更顺利地组合产品，并使其更具效率。这一系列的说明和陈述工作构成了表现的基本内容和任务。

（5）成品印刷与交付验收。需要与印刷公司进行文档交接，说明注意事项，确保印刷的正确性。最终由客户验收交付。

学习目标

1. 素质目标

（1）通过分工合作完成项目作品的方案设计、封面设计、展示汇报等。

（2）能够明确目标，确定行动优先级，增强执行力以高效解决问题、完成项目。

（3）通过对《做工匠》封面背景设计的分析，深入了解身边的传统文化，提升家国荣誉感。

（4）能从项目信息中获取有效的任务指引信息，搜索合适的文字、图片素材，体现设计意图，形成设计风格。

2. 知识目标

（1）选择恰当的图层样式对图像进行美化设计。

（2）能够使用基础的色彩调整工具对图像的色彩进行处理。

（3）掌握封面设计的基本尺寸要求。

（4）使用滤镜或图像调整对图片进行色彩的调整，符合主题表达意境。

3. 能力目标

（1）可以使用通道调整图片色基，突出作品艺术风格。

（2）能够掌握文本的输入与编辑方法，进行艺术文字的创作。

（3）能够根据客户要求设计出样式美观、内涵丰富的封面。

（4）能够对作品进行创意排版，增强作品艺术效果。

（5）掌握运用图层及混合模式编辑图像的方法和技巧。

3.1 《做工匠》书籍封面设计项目工单

《做工匠》书籍封面设计项目书如表 3-1 所示。

表 3-1 《做工匠》书籍封面设计项目书

实训项目	项目 3 《做工匠》书籍封面设计		
文件编号		编制日期	
实训场地		实训工位	
标准工时		实训类型	
序号	实训需求	功能	
1	高速网络环境	搜集素材、查阅资料	
2	Photoshop CC 软件	项目设计	
实训过程记录			
步骤	设计流程	操作要领	标准规范
1	素材搜集整理		
2	封面封底背景设计		
3	书名设计		
4	封面文字制作		
5	封底文字制作		
6	最终效果调整		
安全注意事项			
人员安全	注意电源，保证个人实训用电安全		
设备安全	认真填写实训工位实习记录（设备的维护，油墨）		
	禁止将水杯、零食、电子通信设备等物品带入实训室		
编制		核准	审核

《做工匠》书籍封面设计任务分配表如表 3-2 所示。

表 3-2 《做工匠》书籍封面设计任务分配表

班级名称		团队名称		指导教师	
队长姓名		学生姓名		企业导师	
团队成员					

《做工匠》书籍封面设计分析表如表 3-3 所示。

表 3-3 《做工匠》书籍封面设计分析表

诉求分析	
设计构思	
配色方案	
版式设计	
文案整理	
风格	
元素	
字体	

《做工匠》书籍封面设计综合评价如表 3-4 所示。

表 3-4 《做工匠》书籍封面设计综合评价表

模块	环　节	评 价 内 容	评价方式	考 核 意 图	分值
知识目标	课前（0~10 分）	图层效果、画笔设置、图层蒙版、图案处理	平台数据	补充学生知识结构	
	课中（0~10 分）	印刷模式、分辨率、字体版权、图案背景搜集	教师评价 学生自评 团队评价 平台数据	提升平面设计职业规范和法律意识	
	课后（0~5 分）	书籍装帧形式、封面设计方法	教师评价 学生自评 平台数据	拓展丰富设计必备知识	
能力目标	课前（0~10 分）	综合运用合适的软件与工具对原始素材进行初步的编辑和加工	平台数据 团队评价	提升对原始素材的初步加工能力	
	课中（0~30 分）	根据表达的需要，综合考虑文本、图像等不同媒体形式素材的优缺点与适用性，选择合适的素材并形成组合方案（0~5 分）	教师评价 企业评价 团队评价 学生自评 平台数据	学会使用适当的工具采集必要的图像素材	
		Photoshop 图层、画笔、画板、剪贴蒙版、图层样式操作（0~10 分）		落实工具使用	
		根据内容特点与信息表达的需要，确定表达的意图与作品的风格，选择合适的素材和素材表现形式，并对制作过程进行规划（0~10 分）		掌握项目规划和分组能力	
		使用滤镜或图像调整对图片进行色彩的调整，符合主题表达意境（0~5 分）		逐步提高审美能力	
	课后（0~5 分）	能够根据客户要求设计出样式美观、内涵丰富的封面	教师评价 学生自评 平台数据	掌握对客户诉求的理解力	
素质目标	课前（0~5 分）	爱岗敬业精神、提高版权法律意识	教师评价 学生自评 平台数据	培养爱岗敬业精神、版权法律意识	
	课中（0~15 分）	通过分工合作完成项目作品的方案设计、封面设计、展示汇报		提升团队协作、精益求精、敢于创新精神	
	课后（0~10 分）	通过对《做工匠》封面背景设计的分析，深入了解身边的传统文化，提升家国荣誉感		增强文化自信、崇尚学习	

《做工匠》书籍封面设计作品评价如表 3-5 所示。

表 3-5 《做工匠》书籍封面设计作品评价表

评价类型	评价项目	评价标准	自评（30%）	团队评（30%）	师评（20%）	企评（20%）
客观评价	文件（0~10分）	封面尺寸符合客户诉求、能顺利印刷（0~4 分）				
		合理采集和处理素材、符合版权要求（0~3 分）				
		文件存储为 PSD 和 PDF 格式，命名简约规范（0~3 分）				
	文案（0~10分）	能简洁庄重地表达书籍功能、作者（0~3 分）				
		无文法、语法错误，无错别字、正确应用繁体字（0~3 分）				
		字体应用合理无侵权，字号设置合理（0~4 分）				
	设计（0~40分）	色彩搭配合理，所用颜色符合印刷标准（0~4 分）				
		设计风格与书籍内容相符合（0~4 分）				
		书名、作者、背景使用合理，主次分明、无色彩冲突（0~6 分）				
		书名选用的字体与书籍内容风格一致（0~4 分）				
		对书籍背景进行技术处理，风格与书籍内容一致（0~6 分）				
		封面元素色彩色调一致，透明度与明度适中（0~4 分）				
		装饰方式多样化、能突出书籍风格（0~4 分）				
		合理排版文字、装饰、背景图案（0~4 分）				
		主题、文案、图像、装饰元素排列符合印刷规范，确保输出印刷合格的封面（0~4 分）				
主观评价	创新（0~40分）	作品设计符合书籍封面设计项目需求（0~8 分）				
		作品设计色彩使用合理，与风格相搭配（0~8 分）				
		主题字体有特色，版式、样式灵活有创意（0~8 分）				
		图像处理品质高，背景使用有创意（0~8 分）				
		作品设计整体效果好，有极强的视觉冲击力（0~8 分）				

3.2 《做工匠》书籍封面设计项目准备

（1）通过网络查阅学习到的书籍封面都有哪几部分构成？

（2）团队在借助网络搜集书籍封面设计案例时，观察到常用的版式和风格有哪几种？

（3）团队合作搜集到哪些关于书籍封面设计所需的图片资源、装饰元素、画笔笔形？

3.3 《做工匠》书籍封面设计项目实施

3.3.1 《做工匠》书籍封面设计方案

1. 项目诉求

书籍封面设计由书名、构图以及色彩关系等诸多要素组成，客户需求如下。

（1）布局设计合理

本书尺寸选用42.6cm×29.1cm。书籍封面是指包在书籍最外面一层的表皮，又称“封皮”或“书皮”，完整的书籍封面装帧设计中除了封面本身外，还需要综合考虑书函、书套、切口、腰封等多种因素。书籍封面装帧的基本要求是其外在形式与内容、思想保持高度一致，因此，设计师不仅需要注重装帧设计的形状和样式，还需要确立一定的设计风格，以满足读者的实际阅读需求。同时在版式设计过程中，设计师除了需要重视基本的文字格式设计外，还需要关注书皮设计、四周封装和整体的思路调整；在封面内容设计过程中，设计师需要借鉴人体工学的理论要素，考虑读者的基本需求；在字体搭配和行间距选择过程中，设计师可以将书籍内容的中心思想和情感表达作为基础，合理调整字体风格和字号大小等。

（2）色彩搭配合理

合理的色彩搭配能够有效体现书籍的艺术性和审美性，增强封面的感官体验。对此，设计师在进行书籍封面装帧设计时应结合当下色彩流行元素，充分考虑色彩的表达形式与呈现效果，与书籍内容保持高度一致。而优秀的书籍封面设计除了要做到色彩的主次分明、多而不乱之外，还需要给读者带来一定的视觉冲击。如对比度强的色彩，冲击力更强，更能传递出作者的思想情感；渐变色彩的层次感比较鲜明，能够营造一定的空间感；纯色色彩看上去干净、简洁，能给人以落落大方的情感体验等。合理搭配色彩一方面能给读者留下深刻印象，更好地突出书籍主题；另一方面能够起到暗示和提醒的作用，为读者提供丰富的想象空间。

（3）灵活运用图形元素

图形元素的主要作用是装饰封面、展示书中内容、揭示书籍主题。现代书籍封面装帧设计中的图形日益多样化，包括绘画、摄影、广告、图片等，表现方式或写实，或抽象，或写意，而不同的表现手法会呈现不同的设计效果。设计过程中图形元素的主要来源有三种：一是根据书籍表达内容所设计的图形；二是选取书籍中的典型意象作为封面图形；三是单纯的装饰图形。书籍封面图形或直观，或抽象，或具有较强象征性和隐喻性。比如在少儿书籍、通俗读物的封面装帧设计中，需要较多使用写实手法，保证书籍封面的言简意赅、通俗易懂，便于读者理解和接受；在科技类读物、几何类书籍的封面装帧设计中，可以选取具体的图形元素，一定程度上提升书籍的科学性和说服力；在文学类杂志和书籍的封面装帧设计中，需要使用具有象征意义的意象性图形，借助“写意”的艺术手法，充分发挥想象力以追求封面装帧的形式之美和艺术之美；在休闲读本的封面装帧设计中，可以选取风景摄影、名人肖像等图形元素，以契合大众读者的口味和喜好。总的来说，封面图形设计必须坚持从书籍本身内容出发，保证一定的感染力和影响力，同时具备相应的认知性和可读性，从而起到有效完善书籍内容的目的。

2. 设计构思

书籍封面的设计应服务于书的内容，以用多种图层样式制作的复古纸张效果为背景，以古代水墨和上海黑白剪影图片为封面插画，辅以“工匠精神”的相关文案，用最感人、最形象、最易被视觉接受的表现形式，为书籍打造历史氛围感，构思新颖、切题，有感染力。

3. 配色方案

书籍封面设计配色方案如表 3-6 所示。

表 3-6 《做工匠》书籍封面设计配色方案

	主色	辅色	突出色
配色方案			
RGB	181,152,110	255,255,255	218,145,34
视觉印象	棕色作为表现民俗传统和温暖安定感的载体，象征着硕果累累的秋天。搭配白色，可以塑造出现代感，又给予读者留白的想象空间，突出色橙色温暖而充满活力，文字、图片与背景色交相呼应，色调统一、整体色彩效果和谐		

4. 版式结构

本案例采用满版型设计，注重的是对书籍文化的传承与延伸，文字和图案清晰地传达了书的主题，各个元素合理安排有主有次，布局合理，结构清晰。

5. 风格、元素引用等

本案例采用水墨和剪影风格，类画纸的图层样式的肌理处理，给人强烈的质感；水墨图案和黑白图案表现厚重的年代感；封底文字内容浓缩了本书的精华。留有空白，能给人以视觉上的美感，并给读者留下思考和缓冲的空间。

3.3.2 《做工匠》书籍封面设计制作

《做工匠》书籍封面设计

1. 创建文件

（1）执行“文件”→“新建”，新建画布，设置书籍封面的宽度为

42.6 厘米，高度为 29.1 厘米，分辨率为 300 像素 / 英寸，如图 3-2 所示。

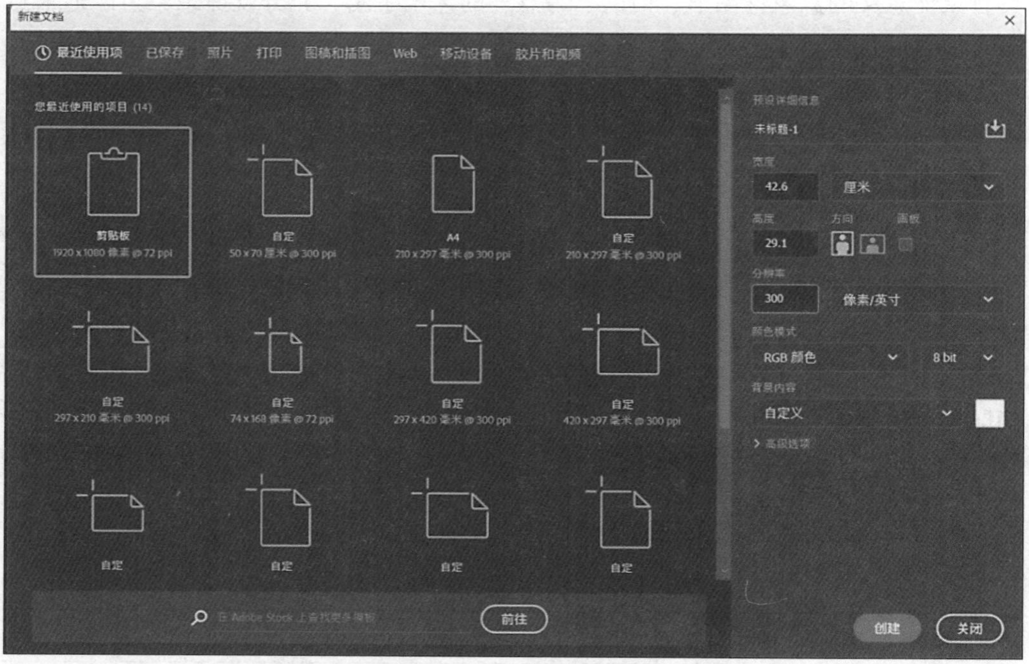

图 3-2　“新建文档”对话框

（2）使用 Ctrl+R 组合键，显示标尺，执行菜单“视图”→“参考线”→“新建参考线”，设置参考线取向为“垂直”，位置设置为“2560 像素”，如图 3-3 所示，等分封面的顶面和底面。

2. 设置背景

（1）在图层面板中，单击并去掉背景层后面的锁，使背景层转变为普通层，如图 3-4 所示。

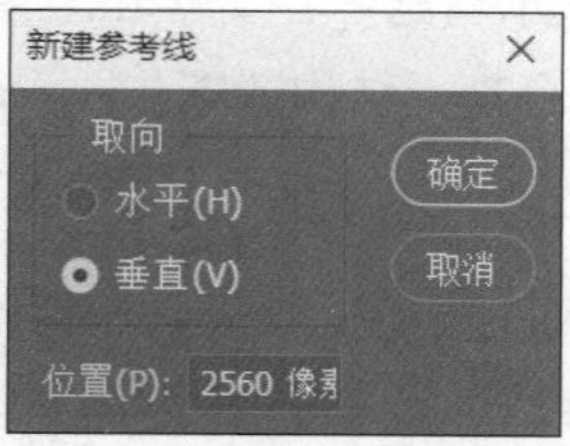

图 3-3　“新建参考线”对话框

图 3-4　解锁背景图层

（2）单击“前景色”按钮，打开“拾色器”对话框，设置 R 值为 188，G 值为 147，B 值为 83，如图 3-5 所示，使用 Alt+Delete 组合键填充背景，使用 Ctrl+J 组合键复制图层，在图层面板生成图层“图层 0 拷贝”。

（3）执行菜单“文件”→“打开”，打开素材包中的“类纸图案”素材。

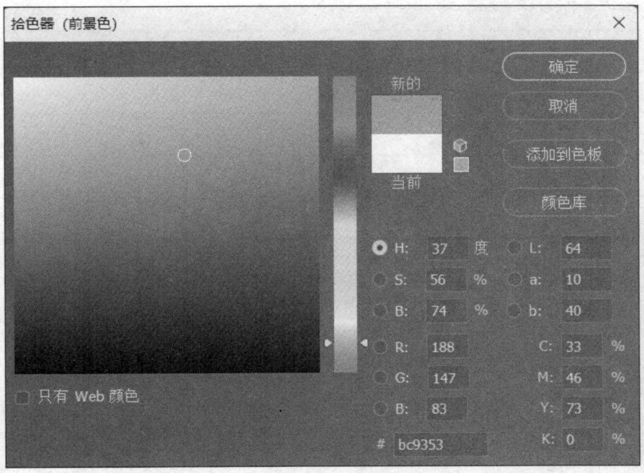

图 3-5　“拾色器（前景色）”对话框

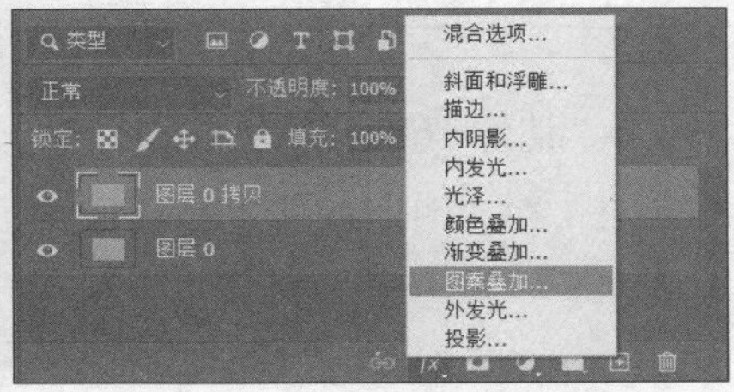

图 3-6　添加“图案叠加 ...”图层样式

（4）选择图层“图层 0 拷贝”，单击图层面板底部的“添加图层样式”按钮，选择“图案叠加”，如图 3-6 所示，打开“图层样式”对话框。

（5）在“图层样式”对话框中，选择图案为“类纸图案”，混合模式为“正常”，不透明度为 100%，缩放为 63%，如图 3-7 所示。

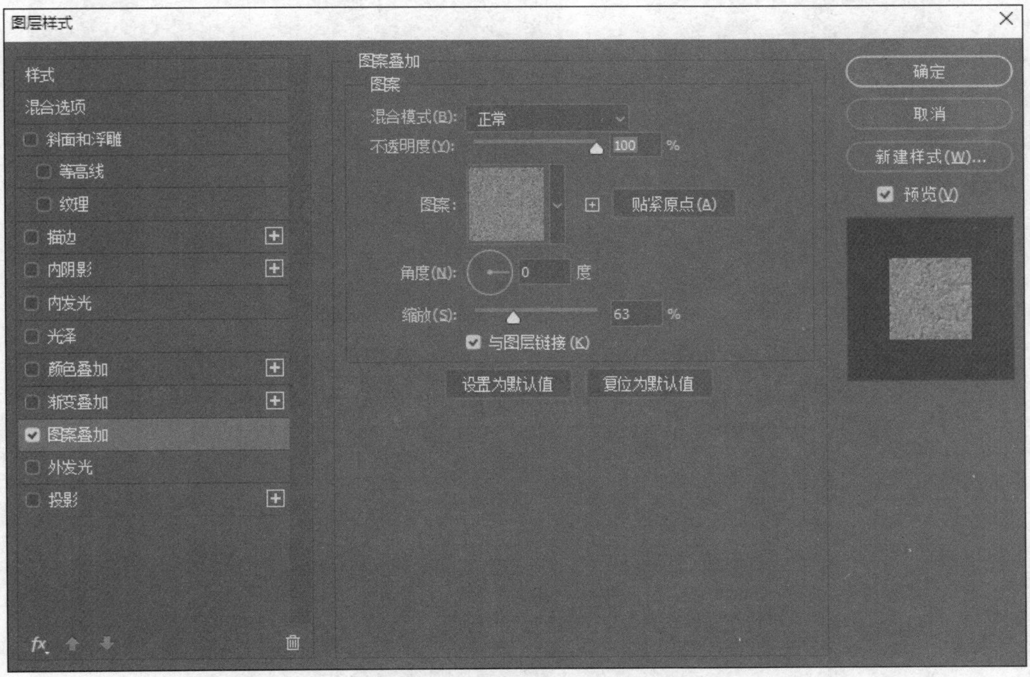

图 3-7　“图案叠加”参数设置

完成创建文件和设置背景操作后，请进行评价，“创建文件和设置背景”如表 3-7 所示。

表 3-7 “创建文件和设置背景”评价表

评 价 指 标	自评（√）	师评（√）	团队评（√）
能合理设置创建文件的参数			
能将背景层转换成普通层			
能正确进行颜色填充			
能导入图案并添加、设置“图案填充”图层样式			

3. 制作光线效果

（1）在“图层样式”对话框中，勾选“渐变叠加”，单击“渐变叠加”后面的加号，生成四个“渐变叠加”，如图 3-8 所示。

（2）从下往上，单击第一个“渐变叠加”，设置混合模式为“颜色加深”，不透明度为 10%，渐变为五组黑白渐变，样式为“线性”，角度为 −138° ，缩放为 50%，色标设置如图 3-9 所示，参数设置如图 3-10 所示。

图 3-8 添加“渐变叠加”图层样式

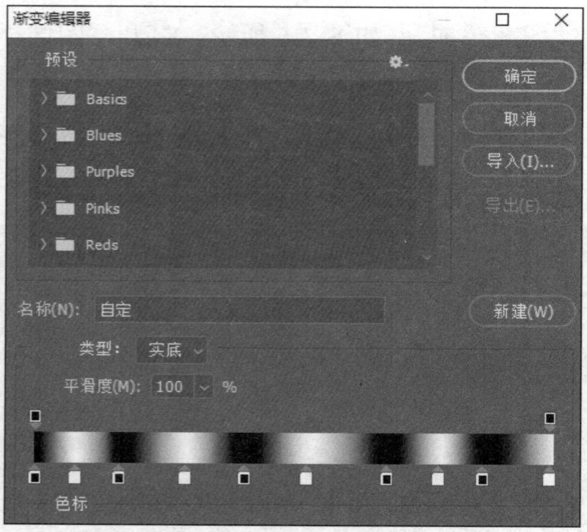

图 3-9 渐变色标设置

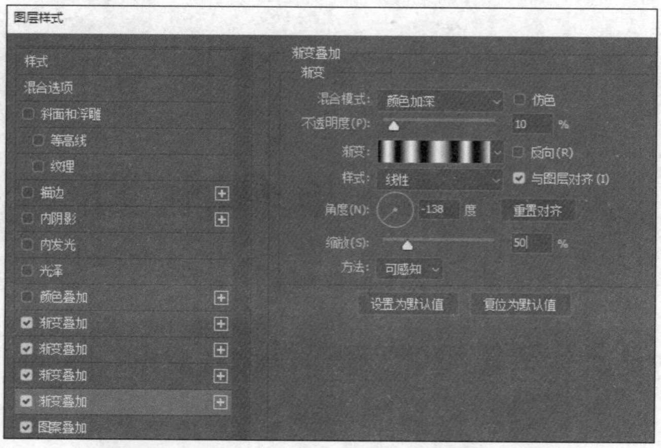

图 3-10 第一个“渐变叠加”参数设置

（3）从下往上，单击第二个“渐变叠加”，设置混合模式为“线性加深”，不透明度为 5%，渐变为四组黑白渐变，样式为“线性”，角度为 −138° ，缩放为 50%，参数设置如图 3-11 所示。

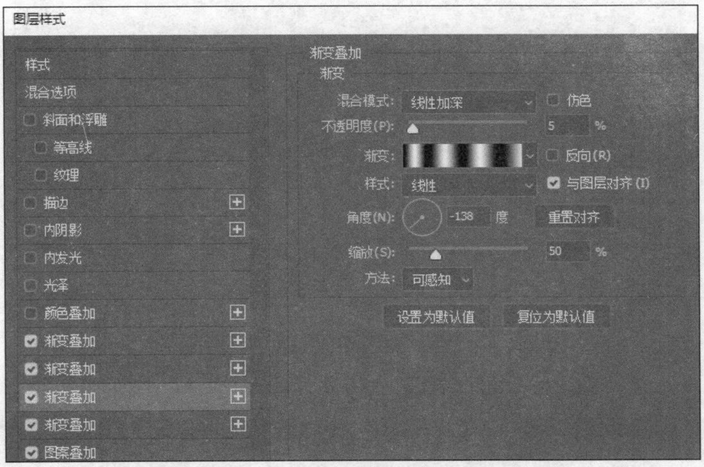

图 3-11　第二个“渐变叠加”参数设置

（4）从下往上，单击第三个“渐变叠加”，设置混合模式为“颜色减淡”，不透明度为 20%，渐变为四组黑白渐变，样式为“线性”，角度为 −138° ，缩放为 50%，参数设置如图 3-12 所示。

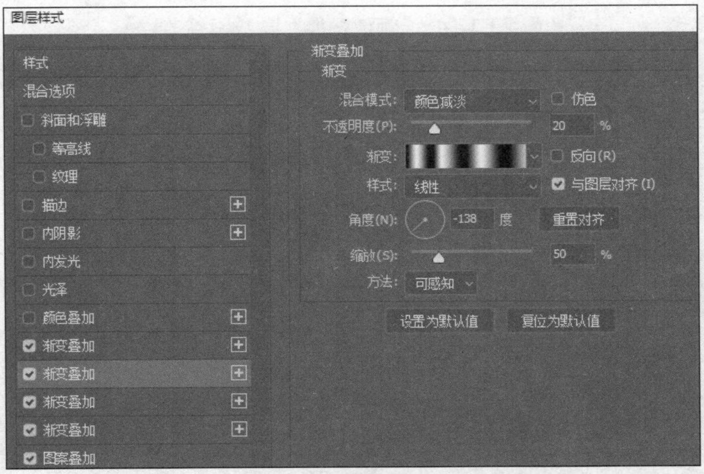

图 3-12　第三个“渐变叠加”参数设置

（5）从下往上，单击第四个“渐变叠加”，设置混合模式为“滤色”，不透明度为 15%，渐变为四组黑白渐变，样式为“线性”，角度为 −138° ，缩放为 50%，参数设置如图 3-13 所示。

（6）在“图层样式”对话框中，勾选“颜色叠加”，设置混合模式为“颜色”，用拾色器吸取前景色，如图 3-14 所示。

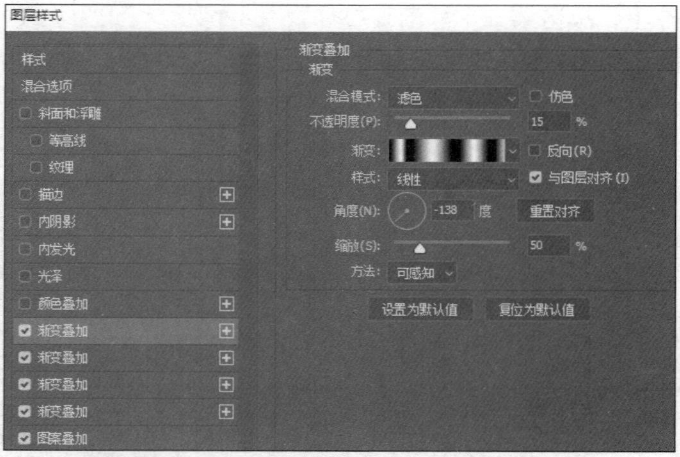

图 3-13　第四个“渐变叠加”参数设置

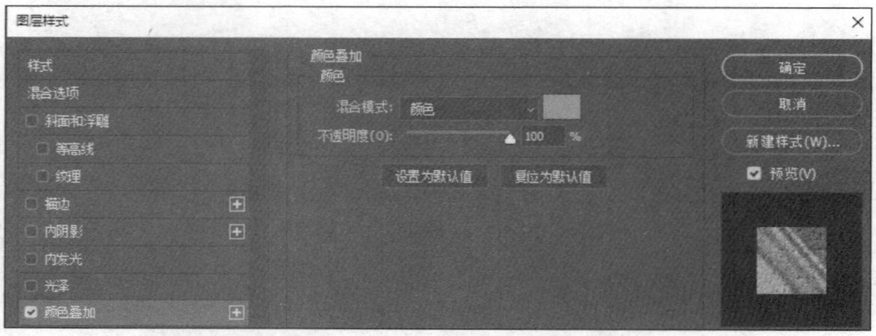

图 3-14　“颜色叠加”参数设置

（7）在“图层样式”对话框中，勾选“斜面和浮雕”，设置结构样式为“内斜面”，方法为“平滑”，深度为 200%，方向为“上”，大小为 3 像素，软化为 6 像素；阴影的角度为 −50°，高度为 45°，高光模式为“颜色减淡”，不透明度为 45%，阴影模式为“线性加深”，不透明度为 30%，如图 3-15 所示。

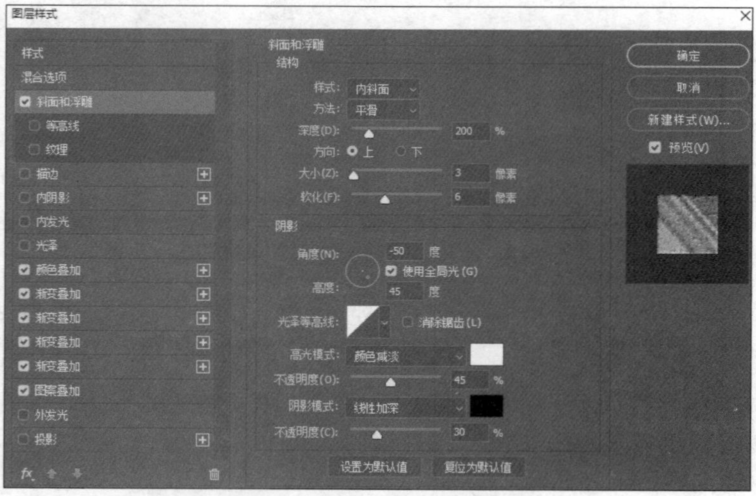

图 3-15　“斜面和浮雕”参数设置

（8）在“图层样式”对话框中，单击“混合选项”，设置混合模式为“正常”，不透明度为100%，单击“确定”按钮，完成图层样式设置，如图3-16所示。

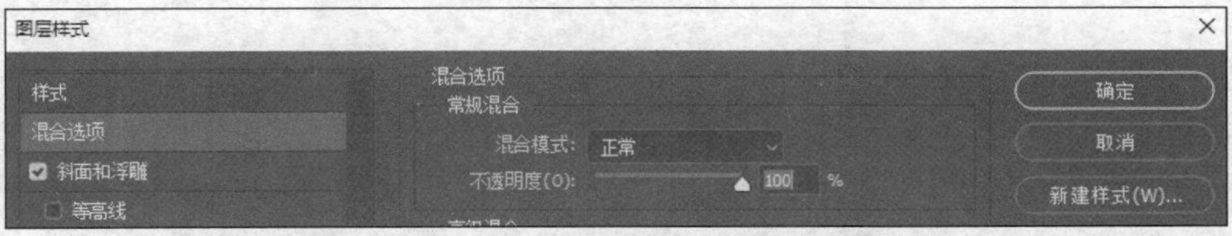

图3-16　“混合选项”参数设置

（9）单击图层面板底部的“创建新图层”按钮，创建图层1。单击工具箱的“设置前景色”按钮，在“拾色器（前景色）”对话框中，选择较亮的灰色，如图3-17所示，使用Alt+Delete组合键为图层1灰色，设置图层的不透明度为30%，中和较亮的背景。

图3-17　“拾色器”对话框

完成制作光线效果后，请进行评价，“制作光线效果”评价表如表3-8所示。

表3-8　“制作光线效果”评价表

评价指标	自评（√）	师评（√）	团队评（√）
能合理应用图层样式			
能灵活设置图层样式的参数			
能实现光线效果的制作			

4. 制作素材融合效果

（1）执行菜单“文件”→“打开”，打开素材“古代水墨”。使用V键，将素材拖动到书籍封面文件中，生成图层2，调整到合适位置，设置混合模式为“颜色加深”。

（2）隐藏图层1，选择图层2，单击图层面板底部的“添加图层蒙版”按钮，添加图层蒙版，设置前景色为黑色，用画笔在蒙版上涂抹，参数设置及效果如图3-18所示。

图 3-18　图层 2 参数设计及效果图

（3）使用相同的方法，打开素材“上海黑白”，并进行位置、混合模式的调整，添加图层蒙版进行处理，同时显示图层 1，查看整体效果。图层 3 的参数设置及效果如图 3-19 所示。

图 3-19　图层 3 参数设计及效果图

5. 制作底部书写痕迹效果

（1）选择图层 3，单击图层面板底部的“创建新图层”按钮，创建图层 4，在工具箱中选择画笔工具，单击画笔工具栏的“画笔设置面板”按钮，打开“画笔设置”面板，设置画笔笔尖形状为 174，大小设置为 300 像素，间距设置为 12%，如图 3-20 所示。

（2）单击“形状动态”选项，设置大小抖动为 100%，角度抖动为 10%，圆度抖动为 20%，如图 3-21 所示。

（3）设置前景色为纯白色，使用画笔在封面在下方进行涂抹，制作出书写痕迹的效果，效果如图 3-22 所示。

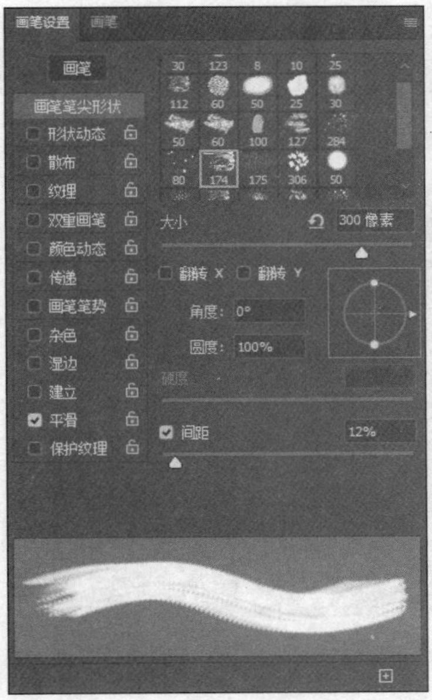

图 3-20　画笔笔尖形状设置

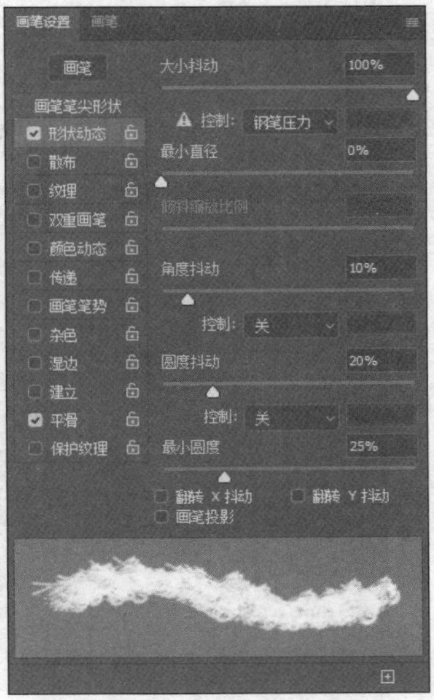

图 3-21　形状动态设置

图 3-22　书写痕迹效果

完成制作素材融合、底部书写痕迹操作后，请进行评价，“制作素材融合、底部书写痕迹”评价表如表 3-9 所示。

表 3-9　“制作素材融合、底部书写痕迹”评价表

评 价 指 标	自评（√）	师评（√）	团队评（√）
能快速导入并调整素材			
能对素材图层设置合适的混合模式			
能快速添加、编辑图层蒙版			
能选择合适的画笔并进行参数设置			

6. 制作“做工匠”书名效果

（1）在图层4的上方新建图层，单击工具箱的矩形工具，在工具栏设置填充色为白色，描边为无，为封面书名绘制白色底图，如图3-23所示。

图3-23 绘制白色底图效果

（2）在图层“矩形1”的上方新建图层，单击工具箱的矩形工具，在工具栏设置填充色为无，描边白色，30像素，绘制白色外边框，调整位置与白色底图中心对齐。使用相同的方法，绘制一个1像素填充白色的矩形，生成“矩形3”，并调整到边框顶部居中位置，复制“矩形3”图层，调整大小和位置，完成书名底图的制作，效果如图3-24所示。

图3-24 绘制边框线条效果

（3）在工具箱中单击直排文字工具，设置字体颜色为非白色的任意颜色，输入文字“做工匠”。按Ctrl+A组合键全选文字，设置文字大小，移动至中间位置，选取文字字体为“北方行书”,单击“确定”按钮完成文字输入。微调文字位置和大小，确保处于白色底图的正中心，效果如图3-25所示。

（4）选择“做工匠”文字图层，右击选择“转换为形状”，将文字图层转换为形状层。

（5）在“做工匠”文字图层上方创建图层6，单击“设置前景色”按钮，设置R值为231，G值为136，B值为2。

（6）单击“画笔工具”按钮，按 F5 键打开“画笔设置”面板，选择画笔笔尖形状为 174，间距调整为 40%，在图层上进行涂抹，调整图层的不透明度为 80%，效果如图 3-26 所示。

图 3-25　文字输入效果

图 3-26　画笔涂抹效果

（7）按住 Alt 键，在图层和做工匠之间单击，为“做工匠”文字图层添加剪贴蒙版，生成带橘黄色纹理的文字效果，如图 3-27 所示。

图 3-27　橘黄色纹理文字效果

完成制作“做工匠”文字效果后，请进行评价，“制作做工匠文字效果”评价表如表 3-10 所示。

表 3-10　制作“做工匠”文字效果评价表

评 价 指 标	自评（√）	师评（√）	团队评（√）
能熟练使用形状工具并进行选项设置			
能对图层进行对齐			
能将文字图层转换为形状图层			
能创建剪贴蒙版			

7. 制作其他文字效果

（1）单击工具栏的横排文字工具，设置字体为黑体，颜色为黑色，输入主编及姓名，按 Ctrl+A 组合键全选文字，调整文字大小，并移动至封面正面的中心位置。利用同样的方法输入出版社的名字，并放置到封面正面的右下角，效果如图 3-28 所示。

（2）单击工具箱的前景色按钮，设置 R 值为 161，G 值为 20，B 值为 20，单击矩形工具，在工具栏设置填充为设置好的颜色，描边为无，在封面左下侧空白处绘制矩形，按 Ctrl+J 组合键复制 3 个矩形，调整四个矩形，保持等距离等大小，效果如图 3-29 所示。

（3）单击直排文字工具，设置文字颜色为白色，字体为简体，在左侧第一个红

图 3-28　主编、出版社文字位置及效果

色矩形中输入文字“敬业”，按 Ctrl+A 组合键全选文字，设置字号为 20，移动至红色矩形的中心位置，按 Enter 键完成文字输入，微调文字的位置。利用相同的方法为第二个矩形框添加“精益”文字，为第三个矩形框添加“专注”文字，在第四个矩形框添加“创新”文字，效果如图 3-30 所示。

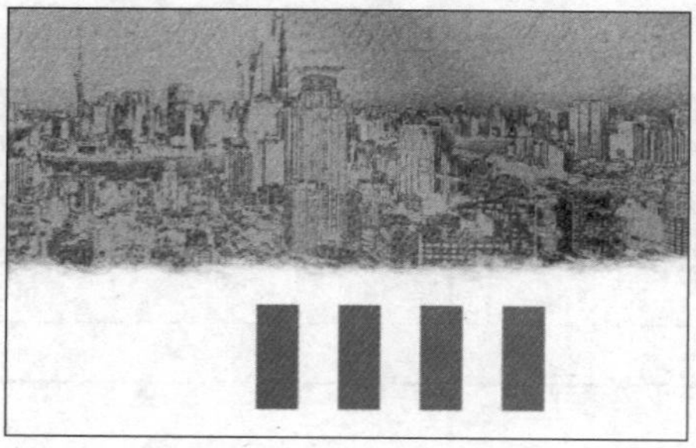

图 3-29　红色矩形效果

图 3-30　添加文字后效果

（4）按 V 键，将“主编”文字往上移动，单击横排文字工具，在主编下方白色区域，输入文字“平面设计与制作”，全选文字，设置字体为简体，字体颜色 R 值为 231，G 值为 132，B 值为 2，保持文字与封面色调一致，按 Enter 键完成文字输入。

（5）为“平面设计与制作”文字图层添加图层样式“外发光”，设置混合模式为“正片叠底”，发光颜色 R 值为 161，G 值为 20，B 值为 20，不透明度 45%。参数设置如图 3-31 所示。

图 3-31　“外发光”图层样式参数设置

（6）在“图层样式”对话框中单击“斜面和浮雕”，结构的样式设置为“内斜面”，方法设置为“平滑”，深度设置为 200%，阴影的角度设置为 140°，高度设置为 40°，高光模式设置为“颜色减淡”，参数设置如图 3-32 所示。

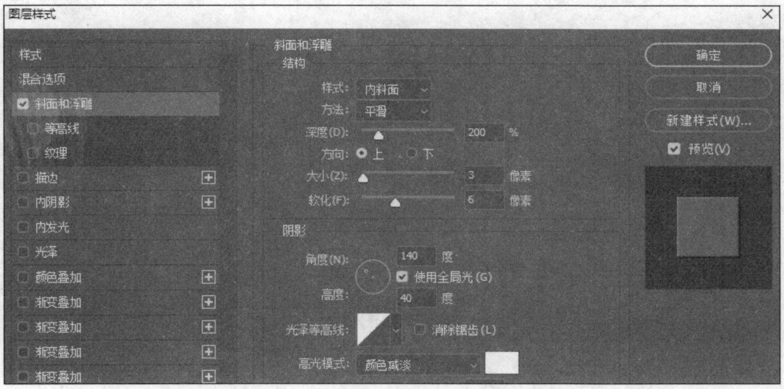

图 3-32　“斜面和浮雕”图层样式参数设置

（7）单击横排文字工具，在书籍封底的上方输入文字“工匠精神”，全选文字，设置文字字体为“北方行书”，字体大小为 115，将颜色设置为刚才使用的红色，R 值为 231，G 值为 132，B 值为 2，效果如图 3-33 所示。

（8）在图层面板中右击“工匠精神”文字图层，选择“将文字转换为形状”，将文字图层转换为形状层。找到前面制作好的剪贴蒙版，按 Alt 键取消剪贴蒙版，按 Ctrl+J 组合键复制画笔图层，移至“工匠精神”形状图层的上方，之后恢复“做工匠”形状图层的剪贴蒙版效果，将复制图层移动到“工匠精神”图层文字处，按 Ctrl+T 组合键调整画笔图层大小和位置，确保“工匠精神”文字被完全覆盖，按 Alt 键在复制的画笔图层与“工匠精神”之间单击，创建剪贴蒙版，效果如图 3-34 所示。

图 3-33　“工匠精神”文字输入

图 3-34　“工匠精神”文字效果

（9）单击横排文字工具，文字大小设置为 15，文字对齐方式设置为“居中对齐文本”，文字字体设置为“黑体”，颜色 R 值为 231，G 值为 132，B 值为 2，将“‘工匠精神’是一种……”文字素材复制到 Photoshop 中，按 Ctrl+A 组合键全选文字，在字符面板中调整文字的行距和字体的大小，按 Enter 键完成文字输入。效果如图 3-35 所示。

图 3-35　段落文字排版效果

（10）整体观察效果后，选择“主编”文字图层，将文字颜色修改为白色，并调整位置，封面制作的整体效果如图 3-36 所示。

图 3-36 《做工匠》书籍封面整体效果图

完成制作其他文字效果后，请进行评价，“制作其他文字效果”评价表如表 3-11 所示。

表 3-11 “制作其他文字效果”评价表

评 价 指 标	自评（√）	师评（√）	团队评（√）
能熟练对文字进行编辑排版			
能依据版面整体效果对文字效果进行合理调整			

3.4 《做工匠》书籍封面设计技能梳理

本项目技能梳理思维导图如图 3-37 所示。

一个设计师要以丰富的表现手法和内容，用视觉思维的第一印象激发读者拿起书籍的欲望。只有读者被书籍的封面吸引，他才有兴趣翻阅并购买。封面的设计，也从另一方面达到了传播文化知识的效果。不仅宣扬了艺术，也提高了人们的文化认知水平，可谓一举两得。所以书籍的封面设计很重要，设计师要尽最大的努力设计出优秀的书籍封面，让读者“一见钟情”。

3.4.1 书籍的结构

书籍作为一个系统、一个整体，通常由封面和书心两大部分构成，且结构严谨，相得益彰。

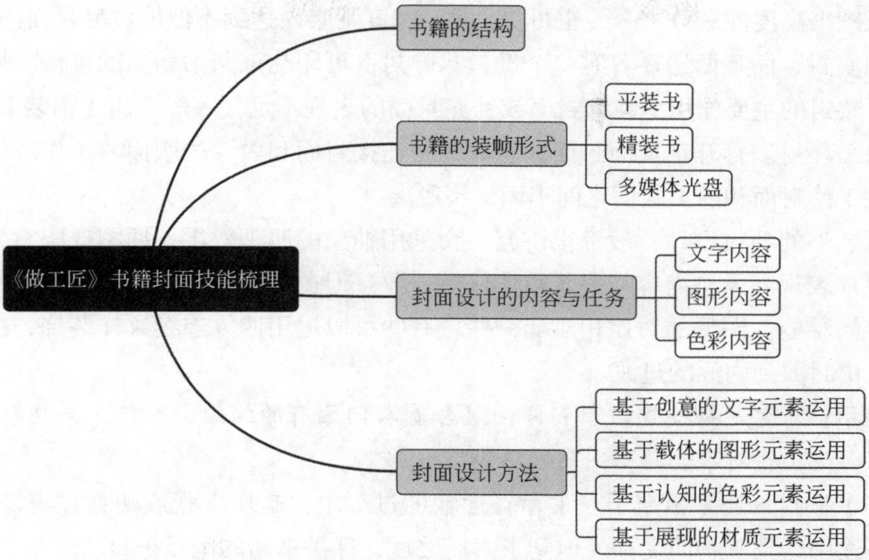

图 3-37 项目 3 思维导图

封面包括腰封、护封、封面、护页、勒口等；书心包括环衬、扉页、序言、目录、内页、插图、版权页等。装订方式的不同也会影响书籍的结构，图 3-38 所示为书籍的部分主要结构。

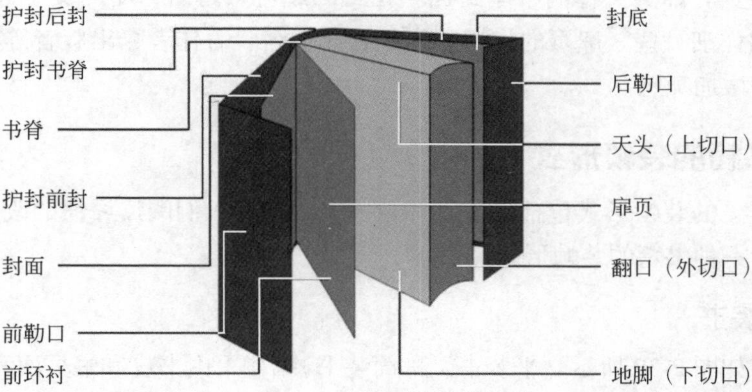

图 3-38 书籍结构

（1）封面。封面又称书皮或封一，记载书名、卷、册、著者、版次、出版社等信息。封面能增强图书内容的思想性和艺术性，可以加深对图书的宣传，在设计上不同于一般的绘画。图书的封面对图书的内容具有从属性，同时要考虑读者的类型，要为读者所理解。

（2）勒口。书籍勒口就是书的封面折进去的部分。勒口既可以使封面更好看，又能够避免封面破损，同时也可以在勒口上印刷作者简介等内容。

（3）腰封。腰封也称“书腰纸”，是书籍的可选部件之一，即包裹在书籍封面中部的一条纸带，属于外部装饰物。腰封常使用牢度较强的纸张制作，其高度一般相当于图书高度的三分之一，也可更大些；宽度则必须达到不但能包裹封面的面封、书脊和底封，而且两边还各有一个勒口。腰封上可印与该图书相关的宣传、推介性文字。腰封的主要作用是装饰封面或补充封面的表现不足。一般多用于精装书籍。

（4）环衬。打开正反面封面，总有一张连接封面和内页的版面，叫作环衬。其目的在于使封面和内页版面之间牢固、不脱离。

精装书的环衬设计一般都很讲究，会采用抽象的肌理效果、插图或图案，也会使用照片表现其风格内容与书装整体保持一致。但色彩相对于封面要有所变化，一般需要淡雅些。图形的对比相对弱一些，有些可以运用四方连续纹样装饰，在视觉上产生由封面到内涵的过渡。

提示：统觉是指知觉内容和倾向蕴含着人们已有的经验、知识、兴趣和态度，因而不再限定于对事物的个别属性感知。

（5）护封。通常情况下，书籍在运输的过程中，是用纸张或塑料包裹好了的，以免在途中遇到脏物而受损。但到了书店之后，保护书籍的则是护封。

护封也能帮助销售。它是读者的介绍人，它能使读者更加容易注意到书籍，并愿意靠近该书籍，它向读者介绍了这本书的精神和内容，同时鼓励读者购买这本书。

（6）书脊。书脊是指连接书刊封面、封底的部分，相当于书的厚度。

（7）扉页。扉页又称内中副封面。在封二或衬页之后，印的文字和封面相似，但内容更加详细一些。扉页的作用首先是补充书名、著作者、出版者等项目，其次是装饰图书增加美感。

3.4.2 书籍的装帧形式

书籍常见的装帧形式包括平装书和精装书，随着人们阅读习惯的改变，多媒体光盘也成为一种书籍的装帧形式。

1. 平装书

平装书如图 3-39 所示。平装书又称简装书，结构上由书皮和书页两大部分构成。书皮，即人们通常说的封面，它既有保护书心的作用，又有美化、宣传和装饰图书的功能。书页，即书籍文字的载体，包括扉页以及印有正文的所有版面。主要工艺过程包括折页、配贴、订书、包封面和切光书边。

平装书是目前普遍采用的一种装订形式，装订方法简易，成本低廉，封面和封底一般也都是纸面软装。平装书籍的装订工艺有平订、骑马订、锁线订和无线订等。

2. 精装书

精装书如图 3-40 所示。精装书主要应用于经典著作、学术名著、工具书和画册等类别。精装书比平装书装订方法繁杂、材料讲究，因此成本也相对较高。精装书的加工过程一般先将书心进行有序的排整、锁线、上胶和圆背，再选择硬质纸板作为封面和封底的材料，最后将封面和封底套上书心粘连、压槽而成。

精装书一般使用比较坚固的材料来制作封面，以便更好地保护书页，并在封面上使用许多精美的材料装饰书籍，如羊皮、绸缎、亚麻布和皮革等。目前精装图书更受广大书籍爱好者的欢迎。

3. 多媒体光盘

多媒体光盘如图 3-41 所示。多媒体光盘是随着计算机技术的发展而出现的新型信息载体，它的形态虽然不同于传统书籍，但其功能都完全具备。多媒体光盘将文字、声音、图片、动画和影视等信息集于一身，可以满足当代人读书容量大、快节奏和多参与的需求，被称为最新颖的现代书籍。

图 3-39　平装书

图 3-40　精装书

图 3-41　多媒体光盘

任何事物都是在不断发展的，书籍装帧设计也不例外。电子出版物的兴起，将彻底改变人们对传统出版业的理解。设计师不仅要继承和发扬优秀传统文化，而且要充分利用和发挥现代的新材料、高科技的作用。只有如此，才能不被时代淘汰，时刻立于不败之地。

3.4.3　封面设计的内容与任务

封面设计由书名、图形和色彩等诸多元素构成。

书名在封面设计中的作用最重要，应作为第一个元素来考虑。用色和构图都应服从书名。书籍封面设计是读者判断书籍的一个初步依据，封面设计的文字阅读与正文有很大的不同，它是一个既短暂而又复杂的阅读过程。

封面的文字内容：封面上主要是书名（包括丛书名、副书名）、作者名和出版社名。

为了丰富画面，设计者在设计过程中可在封面加上汉语拼音或外文书名，或目录和适量的广告语。有时为了画面的需要，在封面上也可以不安排作者名或出版社名，但在书脊上必须有书名、出版社名，方便读者在书架上查询。

1. 文字内容

文字是护封不可缺少的组成部分。一本书籍必须具备书名、作者名和出版社名。

书名是文字部分的主要项目，书名可选用合适的印刷字体，也可按照设计要求绘写或书写。这种书写的书名，一般叫作书题字。

书名不仅在字面意义上帮助读者理解书籍的内容，同时由于其字体本身的特点，也可加强书籍内容的体现和表达。

封面设计常规文字内容如图 3-42 所示。

图 3-42　封面设计的文字内容

2. 图形内容

图形是一种世界语言，它超越地域和国家，不分民族、不分国家，普遍为人所看懂。

封面上一切具有形象的都可被称为图形，包括摄影、绘画、图案等，分写实、抽象、写意、装饰等。

书籍封面的图形，可以是具象的，也可以是抽象的、装饰性的，或漫画性的，无论采用哪一种都要根据书籍的内容和主题来选择适当的图形表现。

现代封面设计通常用计算机，摄影、图形经过计算机图像软件综合的处理后，出现了许多新的表现语言，画面变得更加细腻、丰富，层次感更强了。

封面设计图形内容展示如图 3-43 所示。

3. 色彩内容

色彩在护封设计上占有很重要的地位。读者往往先看到色彩，再看到文字和形象，因此，色彩是造型艺术作品给人的第一印象。

护封的色彩处理要根据封面和书籍内容的色调来决定，但它可以更强烈一些并采用更多的对比方法，以增强广告效果。明亮和温暖的色彩能产生一种错觉，使书的面积显得更大一些。大块的互有联系的色彩能增强色彩的效果，但缺少组织的杂

图 3-43 封面设计的图形内容

乱的色块会让人产生不安定的感觉。

护封的色彩也可不受自然色彩的束缚，根据书籍内容的需要，进行适当地夸张和变化，达到增强作品装饰的效果。封面设计的色彩内容展示如图 3-44 所示。

3.4.4 封面设计方法

1. 基于创意的文字元素运用

文字元素是最基础的视觉元素，具有较强的说理特征和直观的表达性质。书籍封面字体由标题、广告文字组成，基本主题有古典、修饰、现代和符号四种风格。基于创意的文字元素运用，主要包含两方面的内容：一方面是抽取书籍自身的灵感与想象，通过内容展现文字；另一方面是以空间塑造作为基础面，以正形空间推导负形空间，形成互补的动态视觉张力。创意文字元素随着时代的变化而演变，基于宋体和黑体的基础字体可衍生出大量艺术字形，在场景烘托上的应用十分广泛，如图 3-45 所示。

图 3-44 封面设计的色彩内容

图 3-45 基于创意的文字元素运用

2. 基于载体的图形元素运用

图形是一种信息载体，从远古时期的象形符号到现代社会图文并茂的多元表现方式，以视觉刺激为目的，图形元素充分地发挥了语义载体功能，其功能甚至可以超越单纯的文字记述，简单的线条和具有视觉冲击力的表现语言能在视觉上营造出强烈的感观冲击，使读者与书籍封面产生沟通与交流，如图 3-46 所示。

图 3-46　基于载体的图形元素运用

图形元素是书籍封面视觉框架的主体，多为照片、图案、绘画及线条等多种形式，设计手法包括写实、写意和概括三类。其中，写实手法多用于通俗书籍，以具体的图形加深读者对内容的理解；写意手法多用于文学艺术书籍，用似是而非的方式表达情调和联想；概括手法也称为抽象手法，多用于科技或自然类书籍，用图形表达无法简短描述的标题内容。

3. 基于认知的色彩元素运用

色彩往往带有“喧宾夺主”的特性，不需过度解读和推理就可以作用于读者的心理和认知。颜色的差异给人的心理感受千差万别，体现和渲染的情感属性也不同。

如多数情况下，红色代表热情，蓝色代表宁静，灰色代表优雅；理论著作宜采用平和的色调渲染厚重的情绪，儿童书籍宜采用艳丽、活跃的色调制造引力，畅销小说宜采用流行色迎合市场。书籍的内容与其阅读对象从整体上决定了书籍封面色彩元素的运用，依据书籍内容选取匹配色调，是书籍封面设计的关键，如图 3-47 所示。

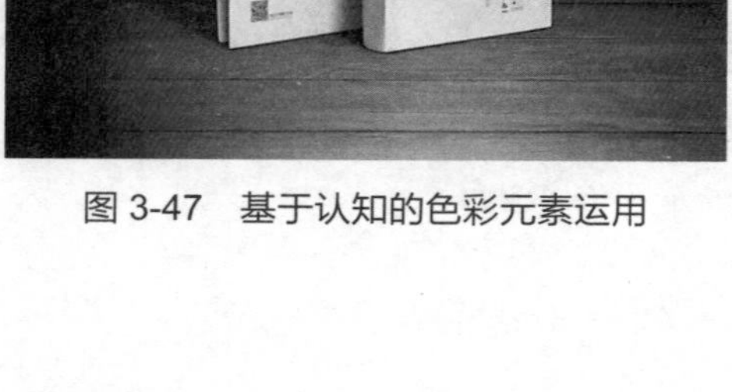

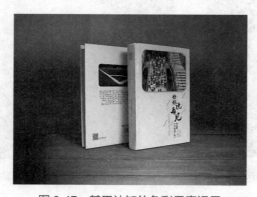

图 3-47　基于认知的色彩元素运用

4. 基于展现的材质元素运用

从视觉展现来看，书籍封面由两层内容构成：一是由文、图、色构成的艺术封面，二是由印刷工艺、纸张质感表现的材质封面。材质直接决定了书籍封面的品质，是艺术封面的实体化呈现。在书籍封面的材质元素运用中，既可以基于现有的制作工艺进行艺术创作，也可以根据创意理念和书籍内涵进行工艺革新，使新的材质和印刷工艺更加匹配书籍内容，如图 3-48 所示。

图 3-48　基于展现的材质元素运用

在表现力上，除了常用的纸张材质，书籍封面选材范围可扩大至木头、丝绸、皮革甚至金属，使读者产生强烈的视觉张力。纸质封面的运用最为广泛，纸的压纹和肌理能够烘托出内容细腻的意境，发挥文字难以企及的创造力和表现力。

3.5 书籍封面设计项目检测

1. 填空题

（1）如果要为一个图层添加图层样式，可以单击“图层”面板底部的_________按钮，从弹出的快捷菜单中选择相应的命令。

（2）在 Photoshop 中，将选区内的图像剪切生成一个新图层的组合键是_________。

（3）选择了“矩形选框工具”后，按 Alt 键拖动鼠标可绘制的选区为________。

2. 选择题

（1）通过下面（　　）形成的选区可以被用来定义画笔的形状。

A. 矩形工具　　B. 椭圆工具

（2）在下列工具的选项栏有“对齐命令”按钮的是（　　）。

A. 画笔工具　　B. 路径选择工具

（3）下列对图层蒙版的叙述中，不正确的是（　　）。

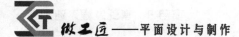

A. 不可以为普通图层、文本层、形状图层和添加了图层样式的图层添加图层蒙版

B. 背景层不能添加图层蒙版

3. 设计题

为《做工匠》活页教材自主设计书籍封面，参考样张如图 3-49 所示。

书籍封面设计

图 3-49 《做工匠》书籍封面课后设计效果图

项目 4

匠人崇敬，业分百工

——从古典时代的商周青铜器学“做工匠”标志设计

项目导入

历史上的标志设计和标志可追溯到古希腊时期。标志设计是以文字、图形、符号、形态等构成的视觉图像系统的设计，在特定的环境中能明确表示内容、性质、方向、原则及形象等功能，为公众所需的物质和精神提供贴切的服务。

工匠是一种古老的职业，而工匠精神是中国文明的精髓之一。工匠精神是创新，它推动着一代又一代人不断创造；工匠精神是求实，它代表着一代又一代人不懈付出与辛劳。工匠精神，激励着我们在精益求精的路上越走越远。今天我们就在标志设计中去学做工匠，追求卓越，成就卓越。

项目简介

项目描述

以“做工匠”为主题，创意设计标志，在设计过程中凸显新时代工匠精神。

设计要求

设计要求图文结合，简洁大气，创意巧妙、构思新颖、容易识别，定位清晰，且提供反黑反白效果，可参考如图 4-1 所示的效果。

样例展示

图 4-1 “做工匠”标志设计效果图

企业导师寄语

同学们，在本项目中，我们学习标志设计。通常标志设计要遵循以下几个设计步骤。

（1）与客户良好的沟通。在标志设计开始之前，我们要与客户深入交流，了解客户对于标志设计的要求，收集诸如企业文化、内涵、面向的用户群体等信息。为更好地收集到有效信息，引导客户说出对于标志的一些关键词，为标志设计指明方向，除了有效沟通外，我们还可以通过网络查询委托方的官网、产品简介等，全方位掌握委托方的各种资料。

（2）收集灵感。可以通过一些知名设计网站，收集一些能够激发灵感的图片，按类型归档存储，后期设计时可以参考查询。

（3）头脑风暴。根据委托方提供的关键词、品牌名字等信息，进行头脑风暴，联想延伸各种词语。对头脑风暴出来的词语，进行组合搭配。

（4）开始标志设计。进行标志设计时，查看灵感文件，用笔勾画设计方案的草图。设计过程中要考虑是否有禁忌的元素，根据委托方的企业形象、行业类型、关键词等确定标志的颜色。设计是一个不断试错的过程，结合时下的流行趋势，尝试不同的配色方案，或许会有惊喜的发现。

（5）筛选设计方案。由于尝试了各种设计方案，设计结束后需要设计师自己先淘汰部分方案。那么判断一个方案好坏的标准是什么呢？可以使用 Paul-Rand 的七步测试法：①它是否容易记忆？②它是否具有可视性？③它是否具有适应性？④它是否具有独特性？⑤它是否具有普适性？

⑥它是否经典不过时？⑦它是否简洁？①~⑥题的分值为1~10分，⑦题的分值为1~15分。得分在75分以上的为满意，60分以下可考虑弃用。

（6）整理输出设计方案。整理2~4个心仪的设计方案，每个设计方案配上标志的设计理念以及制作标志具体使用的展示效果，导出为PDF格式或图片，发送给委托方。

（7）反馈、修改。根据委托方的反馈进行修改，但并不是要完全按照委托方的建议修改，我们有必要提供作为设计师专业性的建议，跟委托方继续沟通。

学习目标

1. 素质目标

（1）运用所学知识展开想象，启发学生的创造性思维。

（2）树立学生的原创精神和诚信意识。

（3）培养学生善于沟通与团队合作的能力。

（4）增强学生整体策划与动手实践的能力，以适应现代社会对高素质人才的需求。

2. 知识目标

（1）了解标志设计的步骤。

（2）掌握标志设计的原则与技巧。

（3）熟悉标志的构思手法与表现手法。

（4）将现有图层进行编组，将图层移入或移出图层组。

（5）会移动并复制图层。

（6）能根据需要正确变换图层内容。

3. 能力目标

（1）具备调研能力。

（2）具备应用Photoshop软件绘制具有审美与象征意义的标志的能力。

（3）培养学生具备独立思考与解决问题的能力。

4.1 “做工匠”标志项目工单

“做工匠”标志设计项目书如表 4-1 所示。

表 4-1 “做工匠”标志设计项目书

<table>
<tr><td>实训项目</td><td colspan="5">项目四 “做工匠”标志设计</td></tr>
<tr><td>项目编号</td><td></td><td>实训日期</td><td colspan="3"></td></tr>
<tr><td>项目学时</td><td></td><td>实训工位</td><td colspan="3"></td></tr>
<tr><td>实训场地</td><td></td><td>实训班级</td><td colspan="3"></td></tr>
<tr><td>序号</td><td>实训需求</td><td colspan="4">功能</td></tr>
<tr><td>1</td><td>高速网络环境</td><td colspan="4">搜集素材、查阅资料</td></tr>
<tr><td>2</td><td>Photoshop CC 软件</td><td colspan="4">标志设计</td></tr>
<tr><td colspan="6">实训过程记录</td></tr>
<tr><td>步骤</td><td>设计流程</td><td colspan="2">操作要领</td><td colspan="2">标准规范</td></tr>
<tr><td>1</td><td>需求分析</td><td colspan="2"></td><td colspan="2"></td></tr>
<tr><td>2</td><td>构思设计</td><td colspan="2"></td><td colspan="2"></td></tr>
<tr><td>3</td><td>素材选取</td><td colspan="2"></td><td colspan="2"></td></tr>
<tr><td>4</td><td>效果制作</td><td colspan="2"></td><td colspan="2"></td></tr>
<tr><td>5</td><td>字体选择</td><td colspan="2"></td><td colspan="2"></td></tr>
<tr><td>6</td><td>配色方案选择</td><td colspan="2"></td><td colspan="2"></td></tr>
<tr><td>7</td><td>修改完善</td><td colspan="2"></td><td colspan="2"></td></tr>
<tr><td colspan="6">安全注意事项</td></tr>
<tr><td>人员安全</td><td colspan="5">注意电源，保证个人实训用电安全</td></tr>
<tr><td rowspan="3">设备安全</td><td colspan="5">正确启动实训室电源，正确开关机</td></tr>
<tr><td colspan="5">认真填写实训工位实习记录（设备的维护，油墨）</td></tr>
<tr><td colspan="5">禁止将水杯、零食、电子通信设备等物品带入实训室</td></tr>
<tr><td>编制</td><td></td><td>核准</td><td></td><td>审核</td><td></td></tr>
</table>

“做工匠”标志设计任务分配如表 4-2 所示。

表 4-2 “做工匠”标志设计任务分配表

班级名称		团队名称		指导教师	
队长姓名		学生姓名		企业导师	
团队成员					

“做工匠”标志设计分析如表 4-3 所示。

表 4-3 “做工匠”标志设计分析表

需求分析	
设计构思	
配色方案	
布局	
风格	

“做工匠”标志设计综合评价如表 4-4 所示。

表 4-4　“做工匠”标志设计综合评价表

模块	环节	评 价 内 容	评价方式	考核意图	分值
知识目标	课前（0~10 分）	形状、图层、图层组、画笔	平台数据	把握课前学习情况	
	课中（0~10 分）	分辨率、字体版权	教师评价 学生自评 团队评价 平台数据	提升平面设计职业规范和法律意识	
	课后（0~5 分）	字体风格、版式、风格	教师评价 学生自评 平台数据	拓展丰富设计必备知识	
能力目标	课前（0~10 分）	课前学习、案例和素材搜集	平台数据 团队评价	提升案例分析、借鉴和素材搜集能力	
	课中（0~30 分）	色彩、风格、版式、元素运用（0~5 分）	教师评价 企业评价 团队评价 学生自评 平台数据	培养设计思路	
		Photoshop 图层、画笔、画板、图层样式操作（0~5 分）		落实工具使用	
		仿照样例制作（0~5 分）		提升制作的精细度	
		在样例基础上创新制作（0~5 分）		逐步培养创新能力	
		文案搜集和编写（0~5 分）		提升文案编写能力	
		素材管理、图层管理（0~5 分）		培养文件归档、整理能力	
	课后（0~5 分）	总结技术运用、规范学习、设计创新等方面收获	教师评价 学生自评 平台数据	培养总结能力	
素质目标	课前（0~5 分）	爱岗敬业精神、版权法律意识	教师评价 学生自评 平台数据	培养爱岗敬业精神、版权法律意识	
	课中（0~15 分）	团队协作、精益求精、敢于创新		提升团队协作、精益求精、敢于创新精神	
	课后（0~10 分）	文化自信、崇尚学习		增强文化自信、崇尚学习	

“做工匠”标志设计作品评价如表 4-5 所示。

表 4-5 “做工匠”标志设计作品评价表

评价类型	评价项目	评 价 标 准	自评（30%）	团队评（30%）	师评（20%）	企评（20%）
客观评价	文件（0~10分）	尺寸、颜色模式、分辨率符合要求（0~4 分）				
		合理归档素材和文件（0~3 分）				
		文件存储 PSD 和 PDF 格式，命名简约规范（0~3 分）				
	文案（0~10分）	能正确表达主题含义（0~3 分）				
		无文法、语法错误，无错别字、繁体字（0~3 分）				
		字体应用合理无侵权，字号设置合理（0~4 分）				
	设计（0~40分）	色彩搭配合理，所用颜色符合印刷标准（0~4 分）				
		选用风格适合表现主题特色（0~4 分）				
		完整呈现文案，层级设置合理，有节奏感（0~6 分）				
		文案选用的字体与标志风格一致（0~4 分）				
		应用图像能表达主题含义，并适当运用技术处理（0~6 分）				
		标志选择色彩色调一致，比例合适（0~4 分）				
		应用元素与标志风格一致，数量恰到好处，不堆叠、不赘余，能有效烘托主题（0~4 分）				
		主题、文案、图像、装饰元素布局合理舒适（0~4 分）				
		主题、文案、图像、装饰元素排列符合印刷规范（0~4 分）				
主观评价	创新（0~40分）	作品设计符合标志设计项目需求（0~8 分）				
		作品设计色彩使用合理，与风格相搭配（0~8 分）				
		主题字体有特色，版式、样式灵活有创意（0~8 分）				
		图像处理品质高，文案有创意（0~8 分）				
		作品设计整体效果好，有极强的视觉冲击力（0~8 分）				

4.2 “做工匠”标志设计项目准备

（1）在标志设计之初，你都知道标志设计的哪些理念与方法？

（2）团队成员通过赏析网络同类作品案例，总结出哪些标志设计技巧？

（3）通过团队合作搜集到哪些关于“做工匠”主题的文案和标志设计所需的图片资源、装饰元素等素材？

4.3 “做工匠”标志设计项目实施

4.3.1 “做工匠”标志设计方案

1. 需求分析

标志设计是科学性和艺术性完美结合的产物，所以标志设计的形象化构思不仅要考虑标志设计的功能，还要考虑其在视觉上美的传达以及形式与内容的融合等。

- 该标志设计以“做工匠”为主题，这需要设计师在设计过程中巧妙地将工匠的精神与自己的创造性思维相结合。
- 通过形与色的结合、内涵与外在的融合凸显个性特征、文化特征。
- 用一种更突出、更鲜明、更直观的视觉形象传达信息，进而提升公众对工匠的敬佩。

2. 设计构思

- 相比设计、配色、排版复杂的标志，简约的标志反而会给人留下深刻的印象。
- 本标志设计要体现“做工匠”，工和匠具有中国传统的近似美，本设计创意就是从这里入手的。
- 颜色是设计中不可或缺的一部分，选择正确的调色板能够传达正确信息。橙色主要意味着创造力和活力，它也可以代表沟通和开放的思想；蓝色是最受欢迎的颜色，蓝色激发平静和自信，它也代表忠诚；黑白色简单而直接，更容易让人类大脑理解和记忆，黑白色还可以让人避免不必要的分心，更加专注于标志本身。

3. 配色方案

标志设计配色方案如表 4-6 所示。

表 4-6 “做工匠”标志设计配色方案

配色方案	配色 1	配色 2	配色 3
RGB	255,150,0	136,153,196	白色 255,255,255 黑色 0,0,0
视觉印象	很多设计精简的标志很容易让人看着单调乏味，如果能巧妙地将渐变色和精简的设计理念结合在一起，就两全其美了。渐变色是一种非常有趣的色彩设定，分为暖色系和冷色系的渐变，采用渐变色进行设计可以体现立体层次感		

4. 布局结构

相交的概念来源于直线，两条不平行的直线相互交叉产生相交的效果。字与字、图与图、图与字成对排列。通过利用视觉元素之间错综复杂的相互渗透，增强了这些元素在空间中的交互感，提升了整体的符号感，给人留下了一个完整统一的视觉印象。

5. 风格

在标志设计中，传统和流行的视觉效果可以通过常规的配置来呈现。在实际的创作过程中，也要加入一些对常规配置有所改变的视觉元素，从而提升设计感，消除传统创作方式带来的枯燥感。

4.3.2 “做工匠”标志制作

1. 创建文件

（1）执行菜单“文件”→“新建”，打开“新建文件”对话框，新建名为“标志设计”的文件。设置宽度为216毫米，高度为297毫米，分辨率为300像素/英寸，单击“创建”按钮。

（2）如果没有显示标尺，可以按Ctrl+R组合键显示标尺。

“做工匠”
标志设计

完成文件创建后，请进行评价，“创建文件”评价表如表4-7所示。

表4-7 “创建文件”评价表

评价指标	自评（√）	师评（√）	团队评（√）
文档尺寸规范、颜色模式、分辨率符合要求			
合理归档素材和文件			
文件存储PSD格式，命名简约规范			

2. 绘制形状

（1）选择“矩形工具”，在工具选项栏设置绘图模式为“形状”，设置填充颜色为#42blff，描边颜色为无，按Shift键绘制一个宽度为10厘米的正方形，生成“矩形1”图层。

（2）按住鼠标左键从左侧标尺处往右拖动，在正方形两侧添加参考线。

（3）新建一图层，选择画笔工具，设置大小为2像素，选择“硬边圆”，如图4-2所示，沿着正方形的上边缘绘制一条水平线，按Shift+Alt组合键把上边缘的水平线拖动到正方形的下边缘，得到另一条水平线。

（4）再选择矩形工具，设置绘图模式为“形状”，设置填充颜色为#1a4ad5，描边颜色为无，在正方形上方绘制一个高度为1.5厘米的长方形，按Shift+Alt组合键把上边缘的长方形拖动到正方形的下边缘，得到另一个长方形，效果如图4-3所示。

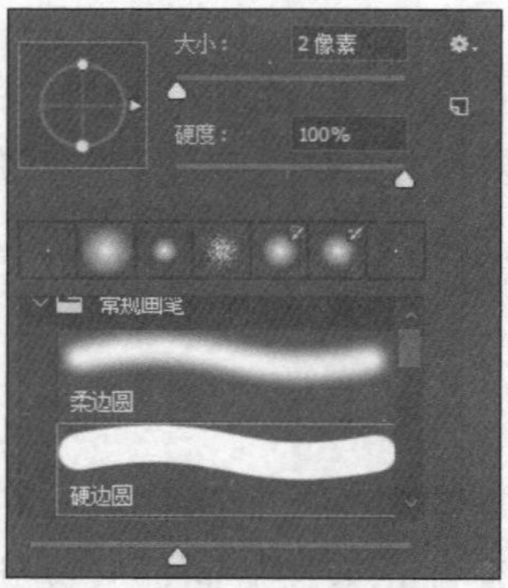

图 4-2　画笔属性设置

图 4-3　绘制形状

（5）选择上方的蓝色长方形，执行菜单“窗口”→“属性”，如图 4-4 所示，单击角半径值链接按钮取消链接关系，设置右上角半径为 170 像素，形成弧线效果。同理选择下方的蓝色长方形，设置左下角半径为 170 像素，形成弧线效果，效果如图 4-5 所示。

图 4-4　设置形状属性

图 4-5　形状属性效果

（6）单击裁剪工具，再单击背景空白处，拖动右侧边缘调整画布大小。选择左侧上下长方形所在图层，按 Shift+Alt 组合键往右拖动，相当于复制了两个图层，效果如图 4-6 所示。

（7）添加四根参考线，如图 4-7 所示，在图层面板再新建一个图层，选择画笔工具，再绘制五条线段，如图 4-8 所示。选择上、下两个圆角长方形所在图层，进行栅格化处理，选择橡皮擦工具，擦除部分内容，效果如图 4-9 所示。选择图层 2，调整前景色为 #96b0ff，把实线框组成闭合形状后再填充颜色，效果如图 4-10 所示。

（8）把图 4-10 的形状通过移动工具移到正方形的上方，用画笔工具把黑色线条涂抹覆盖，删除“矩形 1”图层。调整前景色为 #1683d5，绘制矩形并填充前景色，无描边，按 Ctrl+T 组合键可以调整其大小，也可以旋转，把矩形形状图层复制四个，完成图形里面部分的制作，最终效果如图 4-11 所示。

图 4-6　形状调整效果

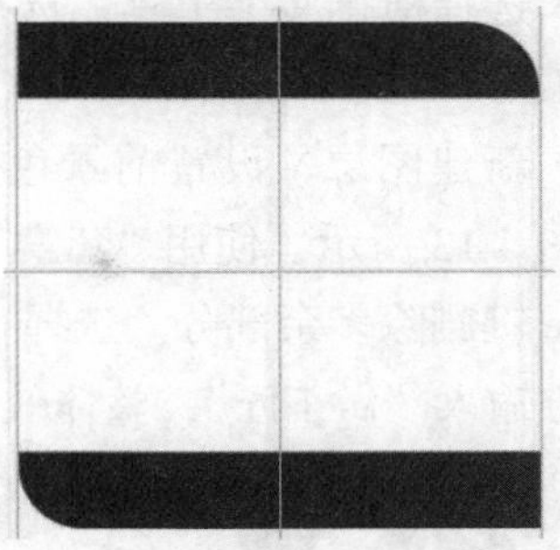

图 4-7　添加参考线效果

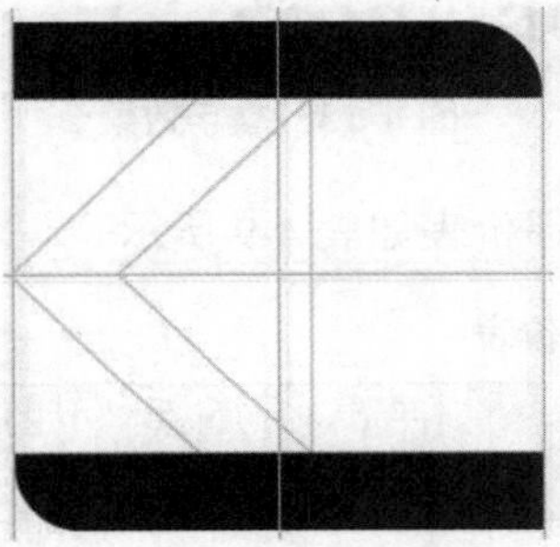

图 4-8　添加线条效果

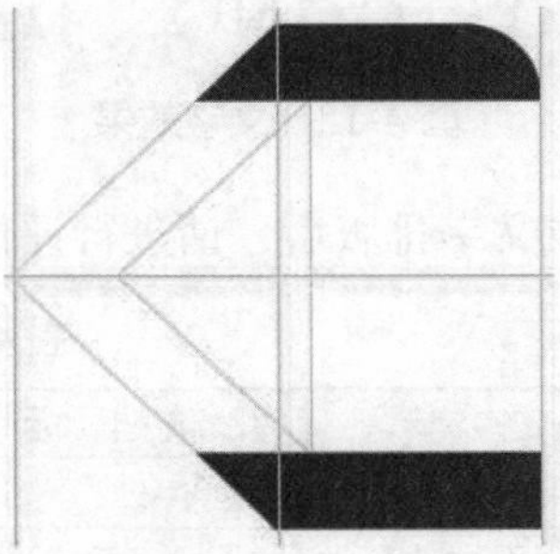

图 4-9　擦除水平部分区域

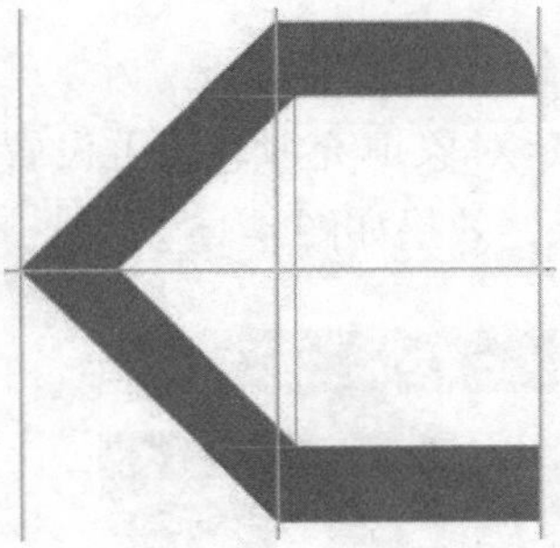

图 4-10　调整形状后效果

图 4-11　图形最终效果

完成形状绘制后，请进行评价，如表 4-8 所示。

表 4-8　“绘制形状”评价表

评 价 指 标	自评(√)	师评(√)	团队评(√)
选用风格适合表现主题特色			
作品设计符合标志设计项目需求			
作品设计色彩使用合理，与风格相搭配			
布局、样式灵活有创意			

3. 文字排版

（1）选择横排文字工具，选择合适的字体和大小，颜色为黑色，在图形下方输入“做工匠”“ZUO GONG JIANG”，效果如图 4-12 所示。

（2）新建图层，设置前景色为红色，选择“画笔工具”，按 Shift 键上下绘制，效果如图 4-13 所示。使用“套索工具”选择需要保留的部分,右击选择“选择反向”，按 Delete 键删除多余部分。选择直排文字工具，选择合适字体和字号，颜色为白色，在其上方输入“做工匠”，整体效果如图 4-14 所示。

图 4-12　文字效果 1

图 4-13　文字效果 2

完成文字排版后，请进行评价，“文字排版”评价表如表 4-9 所示。

表 4-9　“文字排版”评价表

评 价 指 标	自评（√）	师评（√）	团队评（√）
能正确表达主题含义			
无文法、语法错误，无错别字、繁体字			
字体应用合理无侵权，字号设置合理			

4. 配色方案

（1）设置前景色，按 Alt+Delete 组合键对选定对象填充颜色；再设置相近色，用画笔工具在相应位置涂抹就会产生过渡色的效果，效果如图 4-15 所示。

图 4-14　文字最终效果

图 4-15　配色方案

（2）通过修改字体、文字颜色、文字位置和背景颜色还可以产生多种效果，效果如图 4-16 所示。

完成配色方案后，请进行评价，“配色方案”评价表如表 4-10 所示。

图 4-16　最终效果

表 4-10　“配色方案”评价表

评 价 指 标	自评（√）	师评（√）	团队评（√）
标志的识别性高			
作品设计色彩使用合理，与风格相搭配			
作品设计整体效果好，有极强的视觉冲击力			

4.4 “做工匠”标志设计技能梳理

本项目技能梳理思维导图如图 4-17 所示。

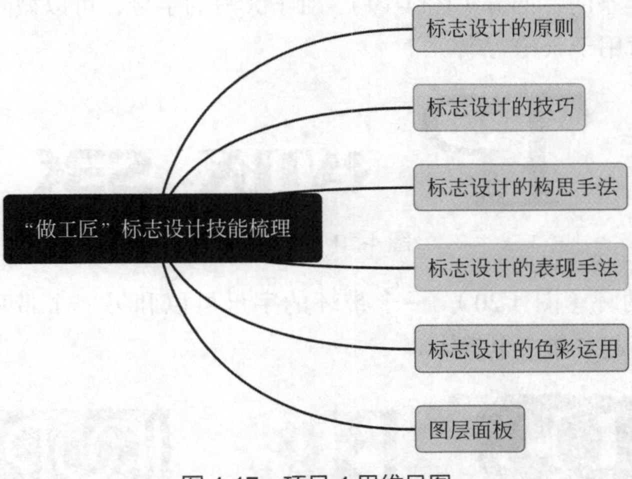

图 4-17　项目 4 思维导图

4.4.1　标志设计的原则

在进行标志设计时，合理的布局可以让信息看起来层次分明，用户可以很容易地找到自己想要的信息，产品的交流率和信息传递的效率也都会极大地提升。

（1）简明易记。不论是图案还是文字样式，无论是具体的还是抽象的，都应符合易读易记，一目了然的要求，确保可读性。

（2）形式与内容的同一。无论什么形式的图案含义还是色彩的象征，都必须与主题匹配，也就是内容与形式的统一。

（3）独创一格。无论图案还是文字，都要有独特的形式，不能给人以雷同的感觉，商标设计应独具匠心，以新奇为贵。独特性越强，越能与其他标志明确区别。

（4）有永久性。具有时间上的永久性，并可以在不同场合中使用。

4.4.2 标志设计的技巧

（1）共用笔画（图 4-18）。当两个字母无法重合的时候，可以尝试改变它们的字体和大小写，但是注意小写字母往往意味着随意与不正式。

图 4-18　共用笔画

（2）截除线条的一部分（图 4-19）。对于大写的字母，可以截除线条的一部分，这个方法特别适用于 serif 字体系。

图 4-19　截除线条

（3）相扣的环（图 4-20）。一个带环的字母可以和另一个带环的字母交叉在一起，使它们看起来像一个整体。

图 4-20　相扣的环

（4）同字镜像（图 4-21）。如果两个相同的英文字母组合在一起，可以将其中一个字母镜像处理，应用链接环效果并用颜色区分。

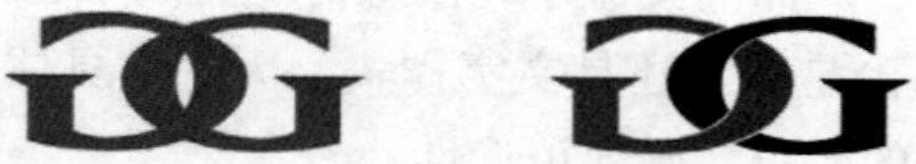

图 4-21　同字镜像

（5）编织（图 4-22）。巧妙地将邻近的曲线编织在一起可以创造出优雅的效果。

（6）拉近距离（图 4-23）。将比较松散的字符拉近距离，同时在相交的地方细微处理就变得生动了。

图 4-22　编织

图 4-23　拉近距离

（7）反相（图 4-24）。将一些字母颜色反相，有时会有意想不到的效果，特别是三个字母的时候，将中间的字母反相。

图 4-24　反相

（8）穿针引线（图 4-25）。当笔画较粗的字母结合的时候，在字符中加入一根白线，就会吸引视线到白线上，从而不会觉得字体很粗，打破呆板造型。

图 4-25　穿针引线

（9）添加辅助图形（图 4-26）。红色的方块起到了两个作用，连接两个字母和帮助构成 R 的形状，你可以仔细观察有没有其他的字母具有这个特点。亮黄色的小点遮住了两个字母的连接点，这样两个字母的结合就不会显得很突兀。“i”上面的一点可以设计得多种多样，就这么一个小点就可以让整个标志活起来。

图 4-26　添加辅助图形

（10）将字体图形化（图 4-27）。巧妙利用英文字母 O 或者数字 0，可以让文字生动活泼。

图 4-27　将字体图形化

（11）添加平行线（图 4-28）。在字母上加一条或多条平分线，标志会有一种横向运动的感觉。

图 4-28　添加平行线

（12）空白区域填色（图 4-29）。做一个方块，将里面的字反白，字的四周撑大到正好出血，然后对里面的字做一些变化。

图 4-29　空白区域填色

（13）笔画错位（图 4-30）。把一段正常的笔画错开，配上不同颜色。

图 4-30　笔画错位

（14）错位交叠（图 4-31）。几个字符通过交叠组成一个实体。

图 4-31　错位交叠

（15）微小变化（图 4-32）。最常见的方法是将线条笔画的端头切成斜角或者成弧形。

图 4-32　微小变化

（16）连笔效果（图 4-33）。将字符连成一笔，会有意想不到的视觉效果。

图 4-33　连笔效果

（17）拉长笔画（图 4-34）。一行字如果过于扁平，可以将字符的竖向笔画往上或者下延伸。

图 4-34　拉长笔画

（18）粗细字符搭配（图 4-35）。刚柔结合，给人一种自然和谐的美感。

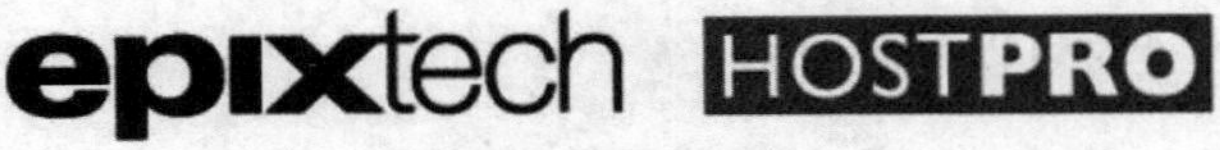

图 4-35　粗细字符搭配

4.4.3　标志设计的构思手法

（1）表象手法：采用与标志对象直接关联且具典型特征的形象，直述标志。这种手法直接、明确、一目了然，易于迅速理解和记忆。

（2）象征手法：采用与标志内容有某种意义上的联系的事物图形、文字、符号、色彩等，以比喻、形容等方式象征标志对象的抽象内涵。

（3）寓意手法：采用与标志含义相近似或具有寓意性的形象，以影射、暗示、示意的方式表现标志的内容和特点。

（4）模拟手法：用特性相近事物形象模仿或比拟所标志对象特征或含义的手法。

（5）视感手法：采用并无特殊含义的简洁而形态独特的抽象图形、文字或符号，给人一种强烈的现代感、视觉冲击感或舒适感，引起人们注意并难以忘怀。这种手法主要靠图形、文字或符号的视感力量来表现标志。

4.4.4 标志设计的表现手法

（1）秩序化手法：均衡、均齐、对称、放射、放大或缩小、平行或上下移动、错位等有秩序、有规律、有节奏、有韵律地构成图形，给人以规整感。

（2）对比手法：色与色的对比，如红黄蓝、黑白灰等；形与形的对比，如粗与细、大中小、曲与直、方与圆、横与竖等，给人以鲜明感。

（3）点线面手法：可全用线条构成，粗细方圆曲直错落变化；也可全用大中小点构成，阴阳调配变化；也可点线面组合交织构成，给人以个性感和丰富感；也可纯粹用块面构成。

（4）矛盾空间手法：将图形位置上下、左右或正反颠倒、错位后构成特殊空间，给人以新颖感。

（5）共用形手法：两个图形合并在一起时，相互边缘线是共用的，仿佛你中有我，我中有你，从而组成一个完整的图形。

4.4.5 标志设计的色彩运用

（1）基色要相对稳定。

（2）强调色彩的形式感，如重色块、线条的组合。

（3）强调色彩的记忆感和感情规律，如橙红给人温暖、热烈感；蓝色、紫色、绿色使人凉爽、沉静；黄色代表富丽、明快；茶色、熟褐色令人联想到浓郁的香味。

（4）合理使用色彩的对比关系，色彩的对比能产生强烈的视觉效果，而色彩的调和则构成空间层次。

（5）重视色彩的注目性，表 4-11 和表 4-12 分别列出了注目程度高和注目程度低的配色情况，设计时可以参照使用。

表 4-11 注目程度高的配色

顺序	1	2	3	4	5	6	7	8	9	10
底色	黑	黄	黑	紫	紫	蓝	绿	白	黄	黄
图形色	黄	黑	白	黄	白	白	白	黑	绿	蓝

表 4-12 注目程度低的配色

顺序	1	2	3	4	5	6	7	8	9	10
底色	黄	白	红	红	黑	紫	灰	红	绿	黑
图形色	白	黄	绿	蓝	紫	黑	黑	紫	红	蓝

4.4.6　图层面板

1. 图层的概念

每一个图层就好似一个透明的“玻璃”，如果“玻璃”上什么都没有，这就是个完全透明的空图层。当各“玻璃”上都有图像时，图像就是图层内容，自上而下俯视所有图层，就能形成图像显示效果。

基于这样的原理，可以将不同的对象放到不同的图层中进行独立操作。图层和图层之间互不影响，为图像的处理带来极大的便利。

2. 图层面板与属性

执行菜单“窗口”→“图层”或者按 F7 键，可以打开“图层”面板，如图 4-36 所示，“图层”面板是管理图层的主要场所，利用“图层”面板，可以很容易地实现图层的创建、移动、删除、排序等操作，如图 4-36 所示。

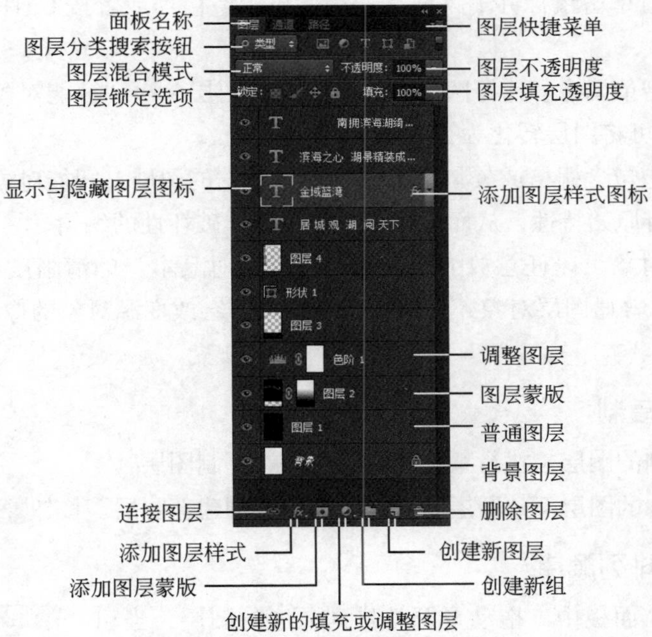

图 4-36　图层面板与图层的属性

3. 图层的创建

（1）创建普通图层：普通图层是组成图像最基本的图层，新建的普通层是完全透明的。

执行菜单“图层”→“新建”→“图层”或按 Shift+Ctrl+N 组合键，弹出“新建图层”对话框，如图 4-37 所示，可以设置图层的名称、颜色、模式及不透明度。

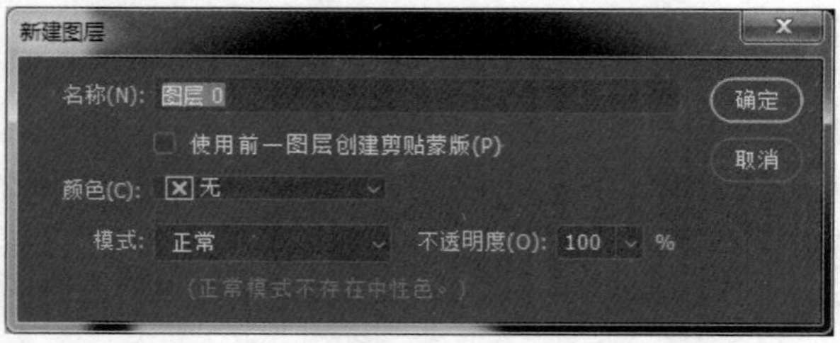

图 4-37 “新建图层”对话框

直接单击“图层”面板底部的“创建新图层”按钮，将在当前图层的上方以默认设置创建一个新图层。

（2）创建文字图层：文字图层是使用横排文字工具或直排文字工具添加文字时自动创建的一种图层。

单击工具箱中的横排或直排文字工具，在选项栏中设置字体、字号和颜色等参数，在文档窗口单击鼠标并输入文字，最后单击空白处或者按 Ctrl+Enter 组合键确认即可。

（3）创建智能对象：选择图层，执行菜单“图层”→“智能对象”→“转换为智能对象”，即可将图层转化为智能对象。

智能对象是包含栅格或矢量图像中的图像数据的图层。智能对象将保留图像的源内容及其所有原始特性，从而能够对图层执行非破坏性的编辑。

智能图层对象可以任意放大或者缩小，不会对其本身的清晰度产生任何影响，是非破坏性的；普通图层对象，在放大或者缩小后会改变源对象的像素值和清晰度，且无法还原。

4. 图层的复制

选中要复制的图层，执行菜单“图层”→“复制图层”。

拖动要复制的图层至“图层”面板底部的“创建新图层”按钮上。

5. 图层的排列顺序

在“图层”面板中，拖动要调整排列顺序的图层，当粗黑的线条出现在目标位置时，松开鼠标即可。

选择要调整排列顺序的图层,执行菜单“图层”→“排列”子菜单中的命令，如图 4-38 所示，可以进行准确的调整。

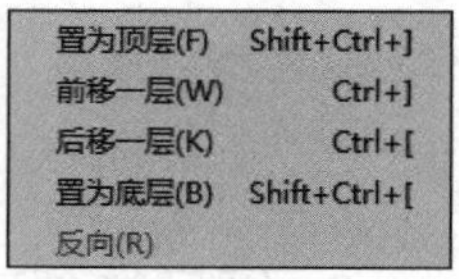

图 4-38 “图层”→“排列”子菜单中的命令

6. 图层的链接、对齐和分布

链接图层：按 Ctrl 键或 Shift 键，选择多个不连续或者连续的图层，单击“图层”面板底部的“链接图层”按钮。

取消图层链接：选中要取消链接的图层，再次单击“链接图层”按钮。

链接图层的对齐：选择链接成一组的图层中的任意一个图层，执行菜单“图层”→“对齐”子菜单中的命令，如图 4-39 所示。

链接图层的分布：选择链接成一组的图层（3 个或 3 个以上）中的一个图层，执行菜单“图层”→“分布”子菜单中的命令，如图 4-40 所示。

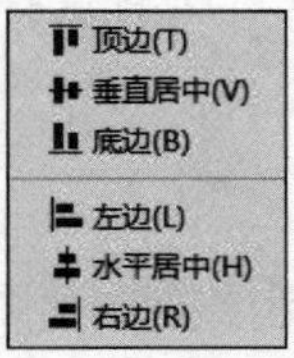

图 4-39　“图层→对齐”子菜单中的命令

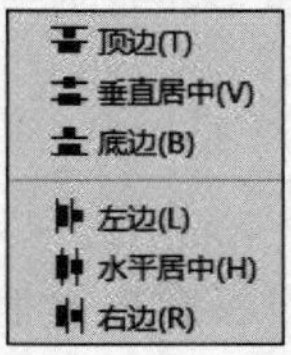

图 4-40　“图层→分布”子菜单中的命令

7. 通过选区新建图层

在图像中创建选区，执行菜单“图层”→“新建”→“通过拷贝的图层”或按 Ctrl+J 组合键，可以将选区内的图像复制生成一个新图层。若图像中没有选区，则复制整个图层。

在图像中创建选区，执行菜单“图层”→“新建”→“通过剪切的图层”或按 Ctrl+Shift+J 组合键，可以将选区内的图像剪切生成一个新图层。

8. 图层的合并

若选择单个图层，按 Ctrl+E 组合键将与位于其下方的图层合并。若选择多个图层，按 Ctrl+E 组合键则将所有选择的图层合并为一层。

执行菜单“图层→合并可见图层”或按 Ctrl+Shift+E 组合键，将把目前所有处在显示状态的图层合并，隐藏的图层不作变动。执行菜单“图层→拼合图像”，将所有的层合并为背景层，隐藏层被丢弃。

9. 图层编组、取消编组

图层编组方便查找，修改图层，如果给编了组的图层整体加一个效果，则会影响整体的效果，而不是某一图层。

编组：选择需要编组的若干图层，执行菜单“图层”→“图层编组”或按 Ctrl+G 组合键，在这些图层的上面就会出现分组图层。

取消编组：选择图层编组，执行菜单“图层”→“取消图层编组”或按 Shift+Ctrl+G 组合键，编组中的图层就会直接显示在图层面板中。

4.5 “做工匠”标志项目检测

1. 填空题

（1）选择图层，执行菜单“__________”→“__________”→“__________”，

即可将图层转化为智能对象。

（2）执行菜单“__________”→“__________”→“__________”，弹出“新建图层”对话框，可以设置图层的名称、颜色、模式及不透明度。

（3）若选择多个图层，按下__________组合键可以将所有选择的图层合并为一层。

2. 选择题

（1）通过图层面板复制图层时，将选取需要复制的图层拖动到图层面板底部的（　　）按钮上即可。

A. 图层效果　　B. 创建新图层

（2）在 Photoshop CC 中，下列关于图层说法中错误的是（　　）。

A. 背景图层可以被删除

B. 效果图层只包含一些图层的样式，而不包括任何图像的信息

C. 可以将图像中不同内容放置在不同的图层上

D. 利用图层可以创建出形式多样的图像效果

（3）单击横排文字工具或直排文字工具，在对应属性栏中设置文字的格式，在图像窗口中单击，输入文字后，按（　　）键结束文字输入。

A. Enter　　B. Ctrl+Enter

课后设计“齐鲁工匠”标志设计

3. 设计题

参照效果图，请以“齐鲁工匠”为内容进行标志设计，如图 4-41 为作品样例。

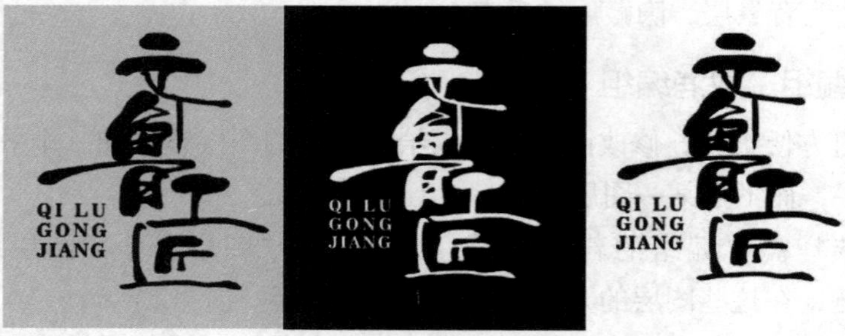

图 4-41　“齐鲁工匠”效果图

项目 5

师徒授受，情感交融

——从工必尚巧的唐宋书法学“山东省博物馆”VI 设计

项目导入

山东博物馆新馆地处山东省济南新城区，占地 14 万平方米，主体建筑面积 8.29 万平方米。新馆建筑的设计思想是以弘扬博大精深的齐鲁文化为己任，以突出博物馆建筑的“高大、宏伟、庄重”为宗旨，以打造一座标志性文化建筑精品为核心目的，着重体现山东的历史文化底蕴，揭示齐鲁文化的深刻内涵，秉承科学发展观，展现现代博物馆的先进设计理念，将文化传统、时代特征和科学精神融合起来，建设而成的一座集永久性、标志性、地域性、先进性、互动性于一体的“国际先进，国内一流”的博物馆。

项目简介

项目描述	（1）确定标准色和辅助色的选取，形成文字稿件，说明选取过程以及技术参数。 （2）确定标准字体，字体要独立设计，并形成文字稿件，说明设计思路及设计过程。 （3）根据标准色、辅助色、标准字体为山东博物馆设计一个 LOGO。

项目描述

（4）设计出一套辅助图形。

（5）根据标准色、辅助色、标准字体、LOGO、辅助图形制作一系列效果图，可参考如图 5-1 所示的效果

设计要求

运用图层、图层组、图层样式、画笔等技术，进行创新设计。

样例展示

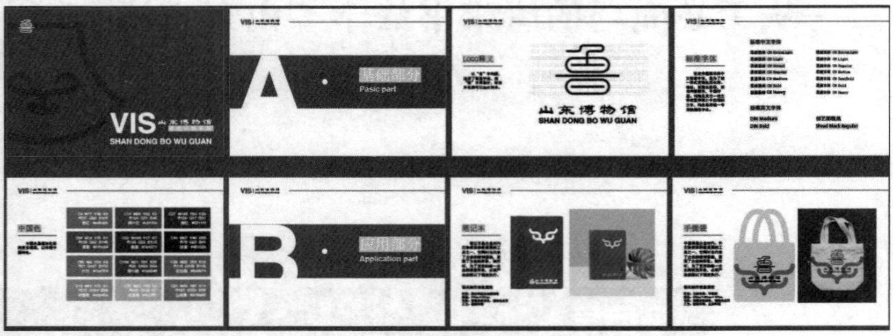

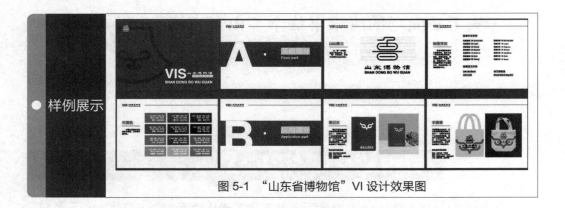

图 5-1 “山东省博物馆”VI 设计效果图

企业导师寄语

同学们，在这个项目中，企业 VI 设计的基本要素系统严格规定了标志图形标识、中英文字体形、标准色彩、企业象征图案及其组合形式，从根本上规范了企业的视觉基本要素。基本要素系统是企业形象的核心部分，企业基本要素系统包括：企业名称、企业标志、企业标准字、标准色彩、象征图案、组合应用和企业标语口号等。接收到设计要求后，我们通常按照 4 个步骤进行设计。

1. 准备阶段

成立 VI 设计工作组，充分理解和消化企业文化与理念，确定贯穿 VI 设计的基本调性和整体风格，明确 VI 设计的需求并进行相关资料素材的搜集，以便整个 VI 项目设计工作的有效展开。

2. 设计开发阶段

VI 设计一般包括基本要素设计和应用设计两大内容。在设计开发阶段，首先设计基本要素：企业名称、企业标志、标准字体、标准色等。应用设计

是对基础要素在各种媒体上的应用，因企业规模、产品内容和传播形式的不同而有不同的组合、运用形式。比如把企业标志等应用在一些名片、笔记本、文件袋等一些办公文具上面。这样，企业的形象就得到了一定的展示，同时也给了大众一个企业认知的符号。

3. 反馈修正阶段

初次 VI 设计稿发布以后，还要反复进行修改并加以完善，包括企业标志等基础要素的设计以及各类应用要素、项目的设计都需要在设计的过程中进行提案测试、意见反馈和优化修正。

4. 编制 VI 设计手册

将之前已经完成的各项设计内容按照规范化、系统化的 VIS 手册设计的制作要求进行页面编排、印刷成册，确保最终印制完成的 VIS 手册能完整、准确地反映和传达品牌设计的总体思想和细节。

学习目标

1. 素质目标

（1）养成热爱岗位、执着专注、注重细节的职业精神。

（2）崇尚踏实肯干、精益求精、追求卓越的工匠精神。

（3）增强文化自信，形成崇尚学习的职业风尚。

2. 知识目标

（1）掌握图层组的创建方法。

（2）掌握常见图层样式及参数功能。

（3）熟悉填色工具、矩形工具组的使用方法。

3. 能力目标

（1）能对图层进行对齐和分布设置。

（2）能正确创建并使用图层组管理图层。

（3）能创建图形并设置参数。

（4）在任务实施中，持续提升发现问题、解决问题的能力。

5.1 “山东省博物馆”VI 设计项目工单

“山东省博物馆”VI 设计项目书如表 5-1 所示。

表 5-1 “山东省博物馆”VI 设计项目书

<table>
<tr><td>实训项目</td><td colspan="5">项目 5 “山东省博物馆”VI 设计</td></tr>
<tr><td>项目编号</td><td></td><td>实训日期</td><td colspan="3"></td></tr>
<tr><td>项目学时</td><td></td><td>实训工位</td><td colspan="3"></td></tr>
<tr><td>实训场地</td><td></td><td>实训班级</td><td colspan="3"></td></tr>
<tr><td>序号</td><td>实训需求</td><td colspan="4">功能</td></tr>
<tr><td>1</td><td>高速网络环境</td><td colspan="4">搜集素材、查阅资料</td></tr>
<tr><td>2</td><td>Photoshop CC 软件</td><td colspan="4">VI 设计</td></tr>
<tr><td colspan="6">实训过程记录</td></tr>
<tr><td>步骤</td><td>设计流程</td><td colspan="2">操作要领</td><td colspan="2">标准规范</td></tr>
<tr><td>1</td><td>整体设计（色彩、版式、文案、风格）</td><td colspan="2"></td><td colspan="2"></td></tr>
<tr><td>2</td><td>素材搜集整理</td><td colspan="2"></td><td colspan="2"></td></tr>
<tr><td>3</td><td>LOGO 设计</td><td colspan="2"></td><td colspan="2"></td></tr>
<tr><td>4</td><td>标准字设计</td><td colspan="2"></td><td colspan="2"></td></tr>
<tr><td>5</td><td>标准色、辅助色、中国色设计</td><td colspan="2"></td><td colspan="2"></td></tr>
<tr><td>6</td><td>辅助图形设计</td><td colspan="2"></td><td colspan="2"></td></tr>
<tr><td>7</td><td>笔记本设计</td><td colspan="2"></td><td colspan="2"></td></tr>
<tr><td>8</td><td>手提袋设计</td><td colspan="2"></td><td colspan="2"></td></tr>
<tr><td>9</td><td>最终效果展示</td><td colspan="2"></td><td colspan="2"></td></tr>
<tr><td colspan="6">安全注意事项</td></tr>
<tr><td>人员安全</td><td colspan="5">注意电源，保证个人实训用电安全</td></tr>
<tr><td rowspan="3">设备安全</td><td colspan="5">正确启动实训室电源，正确开关机</td></tr>
<tr><td colspan="5">认真填写实训工位实习记录（设备的维护，油墨）</td></tr>
<tr><td colspan="5">禁止将水杯、零食、电子通信设备等物品带入实训室</td></tr>
<tr><td>编制</td><td></td><td>核准</td><td></td><td>审核</td><td></td></tr>
</table>

“山东省博物馆”VI 设计任务分配如表 5-2 所示。

表 5-2 “山东省博物馆”VI 设计任务分配表

班级名称		团队名称		指导教师	
队长姓名		学生姓名		企业导师	
团队成员					

“山东省博物馆”VI 设计项目设计分析如表 5-3 所示。

表 5-3 “山东省博物馆”VI 设计分析表

诉求分析	
设计构思	
配色方案	
版式设计	
文案整理	
风格	
元素	
字体	

“山东省博物馆”VI 设计项目综合评价如表 5-4 所示。

表 5-4　“山东省博物馆”VI 设计综合评价表

模块	环节	评 价 内 容	评价方式	考核意图	分值
知识目标	课前 （0~10 分）	图层、图层组、画笔、画板、剪贴蒙版	平台数据	把握课前学习情况	
	课中 （0~10 分）	印刷模式、分辨率、字体版权	教师评价 学生自评 团队评价 平台数据	提升平面设计职业规范和法律意识	
	课后 （0~5 分）	字体风格、版式、风格、印刷	教师评价 学生自评 平台数据	拓展丰富设计必备知识	
能力目标	课前 （0~10 分）	课前学习、案例和素材搜集	平台数据 团队评价	提升案例分析、借鉴、素材搜集能力	
	课中 （0~30 分）	色彩、风格、版式、元素运用（0~5 分）	教师评价 企业评价 团队评价 学生自评 平台数据	培养设计思路	
		Photoshop 图层、画笔、画板、剪贴蒙版、图层样式操作（0~5 分）		落实工具使用	
能力目标	课中 （0~30 分）	仿照样例制作（0~5 分）	教师评价 企业评价 团队评价 学生自评 平台数据	提升制作的精细度	
		在样例基础上创新制作（0~5 分）		逐步培养创新能力	
		文案搜集和编写（0~5 分）		提升文案编写能力	
		素材管理、图层管理（0~5 分）		培养文件归档、整理能力	
	课后 （0~5 分）	总结技术运用、规范学习、设计创新等方面收获	教师评价 学生自评 平台数据	培养总结能力	
素养目标	课前 （0~5 分）	爱岗敬业精神、版权法律意识	教师评价 学生自评 平台数据	培养爱岗敬业精神、版权法律意识	
	课中 （0~15 分）	团队协作、精益求精、敢于创新		提升团队协作、精益求精、敢于创新精神	
	课后 （0~10 分）	文化自信、崇尚学习		增强文化自信、崇尚学习	

“山东省博物馆”VI 设计作品评价如表 5-5 所示。

表 5-5 “山东省博物馆”VI 设计作品评价表

评价类型	评价项目	评价标准	自评（30%）	团队评（30%）	师评（20%）	企评（20%）
客观评价	文件（10 分）	尺寸、颜色模式、分辨率符合要求（0~3 分）				
		合理归档素材和文件（0~4 分）				
		文件存储为 PSD 和 PDF 格式，命名简约规范（0~3 分）				
	文案（10 分）	能正确表达主题含义（0~3 分）				
		无文法、语法错误，无错别字、繁体字（0~3 分）				
		字体应用合理，无侵权，字号设置合理（0~4 分）				
	设计（40 分）	色彩搭配合理，所用颜色符合印刷标准（0~4 分）				
		选用风格适合表现主题特色（0~4 分）				
		完整呈现文案，层级设置合理，有节奏感（0~6 分）				
		选用的字体与风格一致（0~4 分）				
		应用图像能表达主题含义，并适当运用技术处理（0~6 分）				
		基础部分与应用部分图像色彩色调一致，比例合适（0~4 分）				
		应用元素风格一致，数量恰到好处，不堆叠不赘余，能有效烘托主题（0~4 分）				
		主题、文案、图像、装饰元素布局合理舒适（0~4 分）				
		主题、文案、图像、装饰元素排列符合规范（0~4 分）				
主观评价	创新（40 分）	作品设计符合设计项目需求（0~8 分）				
		作品设计色彩使用合理，与风格相搭配（0~8 分）				
		主题字体有特色，版式、样式灵活有创意（0~8 分）				
		图像处理品质高，文案有创意（0~8 分）				
		作品设计整体效果好，有极强的视觉冲击力（0~8 分）				

5.2 “山东省博物馆”VI 设计项目准备

（1）通过网络搜集查阅，学习到了哪些关于 VI 设计的知识？

（2）团队在借助网络搜集同类作品案例时，观察到常用的版式和风格有哪几种？会借助哪些元素彰显该类风格？

（3）团队合作搜集到哪些关于企业 VI 设计的文案以及所需的图片资源、装饰元素？

5.3 “山东省博物馆”VI 设计项目实施

5.3.1 “山东省博物馆”VI 设计方案

1. 项目诉求

VI 设计是企业文化形象宣传的重要展示方式之一，分析客户需求：

- 确定标准色和辅助色的选取；
- 根据标准色、辅助色、标准字体为山东博物馆设计一个 LOGO；
- 设计一套辅助图形；
- 根据标准色、辅助色、标准字体、LOGO、辅助图形制作一系列效果展示图。

2. 设计构思

以符号和字体变形的方法加以局部图形分解，以“鲁”字构图，运用了联想手法，据“鲁”字再设计，标志外轮廓可以由此而来。在标志字体的选择中，思源黑体是比较适合博物馆的整体视觉形象气质的，能够突出地显示科学、严谨、现代感。因为山东博物馆的镇馆之宝中，以青铜器亚醜钺和玉石器鲁国大玉璧最为出名，辅助图形则以将这两件镇馆之宝作为重心向外延伸。色彩的使用则选用暖色与冷色对比，加以中国色修饰。

3. 配色方案

VI 设计配色方案如表 5-6 所示。

表 5-6 “山东省博物馆”VI 设计配色方案

	标准色	辅助色	中国色		
配色方案	C20 M100 Y100 K0 R200 G22 B29 #c8161d	C44 M72 Y72 K4 R157 G91 B73 #9d5b49	C0 M77 Y49 K0 R237 G90 B101 艳红 #ed5a65	C10 M96 Y82 K2 R194 G31 B48 枫叶红 #c21f30	C27 M100 Y90 K29 R130 G17 B31 殷红 #82111f
	C0 M40 Y80 K0 R246 G173 B60 #f6ad3c	C83 M51 Y71 K10 R45 G105 B87 #2d6957	C56 M72 Y15 K1 R129 G92 B148 蕈紫 #815c94	C52 M100 Y17 K7 R126 G22 B113 魏紫 #7e1671	C41 M97 Y49 K68 R70 G22 B41 绀紫 #461629
			C96 M0 Y64 K0 R27 G167 B132 竹绿 #1ba784	C100 M31 Y91 K25 R26 G104 B64 荷叶绿 #1a6840	C66 M29 Y58 K12 R110 G139 B116 瓦松绿 #6e8b74
			C10 M41 Y72 K1 R218 G164 B90 玳瑁黄 #daa45a	C00 M29 Y95 K0 R252 G195 B7 金盏黄 #fcc307	C21 M44 Y97 K11 R183 G139 B38 山鸡黄 #b78b26
视觉印象	在博物馆的视觉形象设计中，很多综合类、文化历史类、民俗类的博物馆都会选择明度、纯度较高的暖色，突出浓郁的文化气息。比如红与黄，是中国最具代表性的两个传统色彩，两种色彩的搭配不仅象征富贵、繁荣、历史悠久，同时让受众很容易就能联想到故宫建筑的红墙与黄灿灿的琉璃瓦，使人在进入故宫前，其整体视觉设计就已先入为主，将人的感官与思想融入故宫的氛围之中				

4. 版式结构

艺术性与装饰性更好地为版面内容服务，版面色图布局和表现形式等则成为版面设计艺术的核心，达到意新、形美、变化而又统一，并具有审美情趣。

5.3.2 “山东省博物馆”VI 设计制作

“山东省博物馆”LOGO 设计

1. LOGO 制作

（1）打开 Photoshop，执行菜单“文件”→“新建”，设置宽度为 20 厘米、高度为 20 厘米、分辨率为 300 像素 / 英寸，如图 5-2 所示。

（2）单击工具箱中的“横排文字工具”，字体设置为“创艺简粗黑”，字号为 30，输入 SHAN DONG BO WU GUAN，调整位置到画布中下方。输入“山东博物馆”，字体设置为“汉标丛台体”，单击选项栏右侧的“提交当前编辑”按钮，按 Ctrl+T 组合键，并按 Shift 键，将文字与拼音长度调整为一致，如图 5-3 所示。

图 5-2　新建文件设置

图 5-3　LOGO 文字

（3）单击工具箱中的“圆角矩形工具”，绘制形状并调整圆角半径，在选项栏中，填充为“无”，描边为“40 像素”，调整其大小，按 Alt 键复制形状，调整其位置，如图 5-4（a）所示。

（4）单击工具箱中的“钢笔工具”，工具模式为“形状”，按 Shift 键在两个圆角矩形之间绘制直线，设置选项栏中，填充为“无”，描边为“40 像素”，“描边选项”设置如图 5-4（b）所示。

（5）选中直线，按 Alt 键，另外复制两条直线，调整其长度和位置，如图 5-5 所示。在“图层”面板中，选中所有形状图层，设置对齐方式为“居中对齐”。

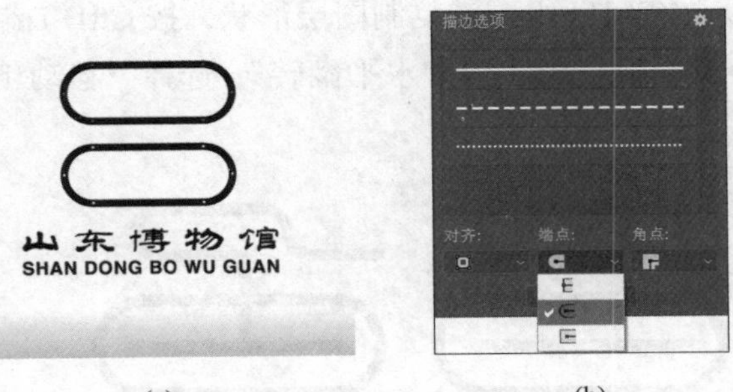

(a)　　(b)

图 5-4　绘制圆角矩形

图 5-5　设置居中对齐

（6）单击“钢笔工具”按 Shift 键绘制如图 5-6（a）所示形状，单击“移动工具”，将其垂直上移，如图 5-6（b）所示，设置“描边选项”如图 5-6（c）所示。

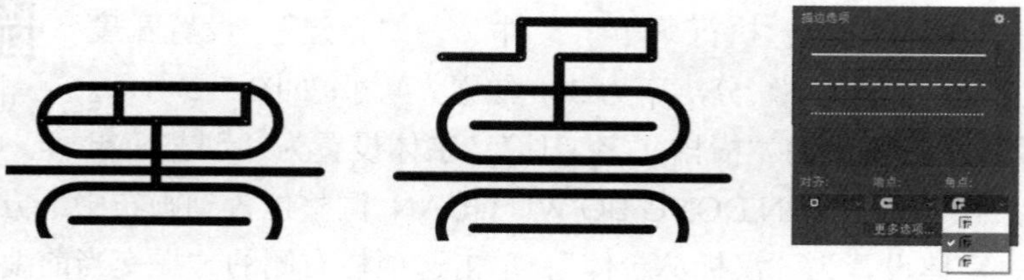

(a)　(b)　(c)

图 5-6　绘制形状

（7）单击“圆角矩形工具”，绘制形状，调整圆角半径，选择“直接选择工具”，单击左下角两个锚点，按 Delete 键，弹出如图 5-7（b）所示对话框，单击“是”按钮。调整锚点位置，将线条减短，如图 5-7（c）所示。

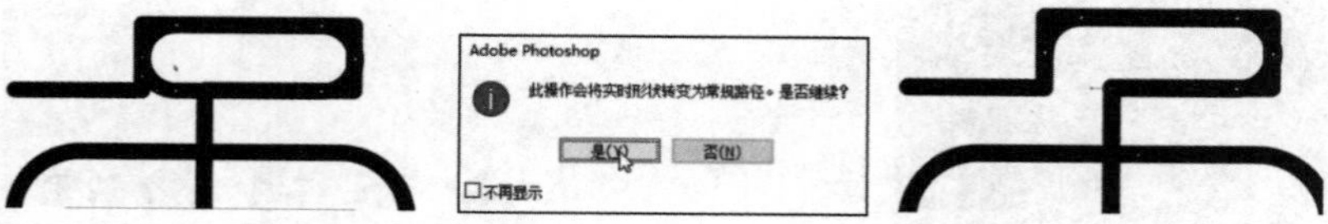

(a)　(b)　(c)

图 5-7　调整圆角半径和锚点位置

（8）隐藏底层的“图层可见图标”，选择“直接选择工具”，选择上方图形并按 Ctrl+J 组合键复制图层形状；按 Ctrl+T 组合键变换位置；在选项栏中，选择对齐方式为“底边”对齐，利用“移动工具”将复制的形状左移；重新选择“直接选择工具”，调整锚点位置，如图 5-8 所示。

图 5-8　复制形状

（9）重复步骤（8）的方法，按 Ctrl+J 组合键复制图层形状，按 Ctrl+T 组合键变换位置；执行菜单“编辑”→“变换路径”→“水平翻转”；选择“移动工具”，将形状移动到如图 5-9 所示位置。

图 5-9　变换路径

（10）选择“直接选择工具”，调整锚点位置，效果如图5-10所示。

（11）选择所有形状图层，设置对齐方式为“居中对齐”，如图5-11所示。

图5-10　调整锚点位置

图5-11　居中对齐

（12）执行菜单“文件”→“存储为”，将文件命名为“山东省博物馆LOGO”，保存类型为.psd。完成LOGO制作后，请进行评价，“LOGO制作”评价如表5-7所示。

表5-7　“LOGO制作”评价表

评价指标	自评（√）	师评（√）	团队评（√）
能正确使用“圆角矩形工具”并设置相关参数			
能正确使用“钢笔工具”绘制形状并进行对齐操作			
能使用“直接选择工具”对锚点进行调整			
能正确设置图层对齐方式			

2. VI标准字体

（1）在Photoshop中，打开“VI标准字体.psd”文件，如图5-12所示。

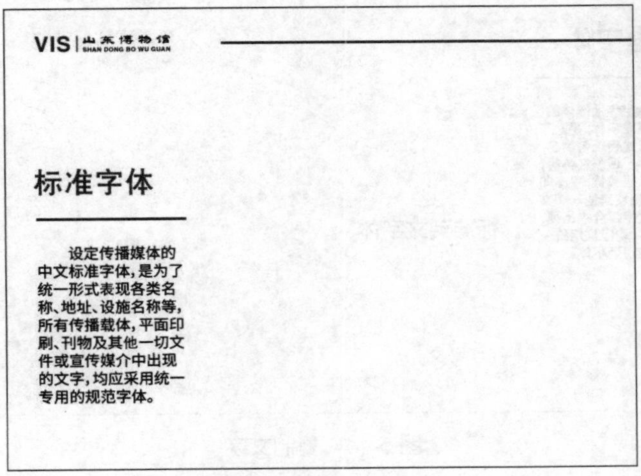

VIS
山东博物馆
SHAN DONG BO WU GUAN
标准字体
设定传播媒体的中文标准字体，是为了统一形式表现各类名称、地址、设施名称等，所有传播载体，平面印刷、刊物及其他一切文件或宣传媒介中出现的文字，均应采用统一专用的规范字体。

图5-12　VI标准字体.psd

“山东省博物馆”VI
标准字体设计

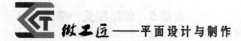

（2）选择工具箱中的“横排文字工具”，设置字体为“思源黑体”，字符大小为25点，输入“标准中文字体”；选中该文字，单击选项栏右侧的“切换字符和段落”面板，在“段落”面板中，设置“首行缩进”为0；利用“移动工具”调整文字位置，选中文字图层和版面上方直线图层，设置为左对齐，如图5-13所示。

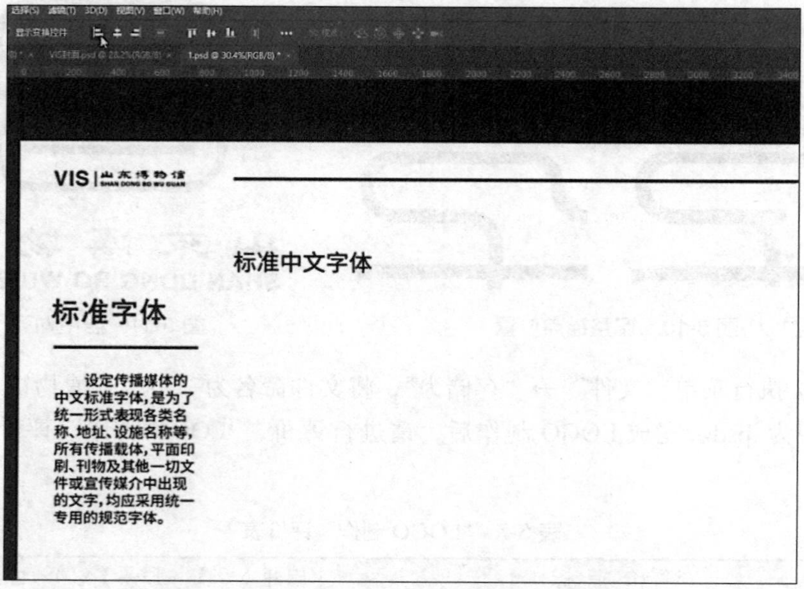

图5-13　输入“标准中文字体”

（3）选择“移动工具”，按Alt键复制字符“标准中文字体”，并向下拖动。选择“横排文字工具”，将“中”字改为“英”，如图5-14所示。

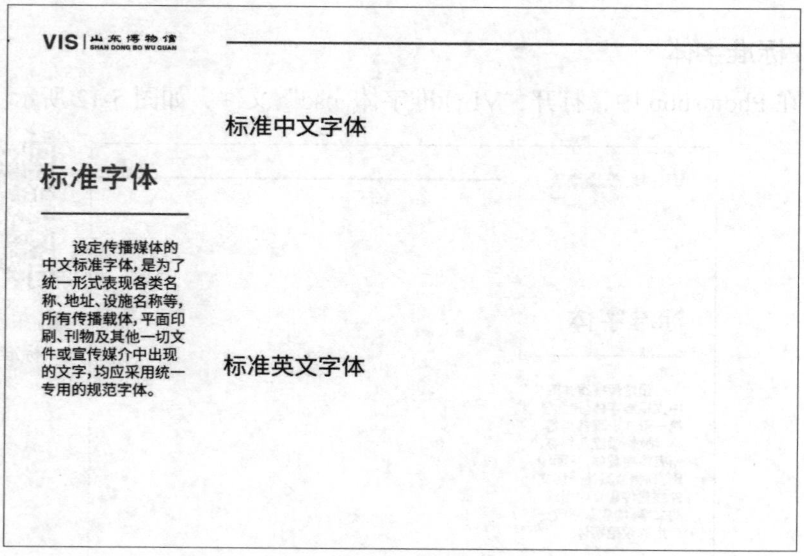

图5-14　复制文字

（4）选择“横排文字工具”，在选项栏设置字体为“思源黑体 CN ”，字符大小为 18 点，输入“思源黑体 CN ExtraLight”，利用“移动工具”调整其位置如图 5-15 所示。

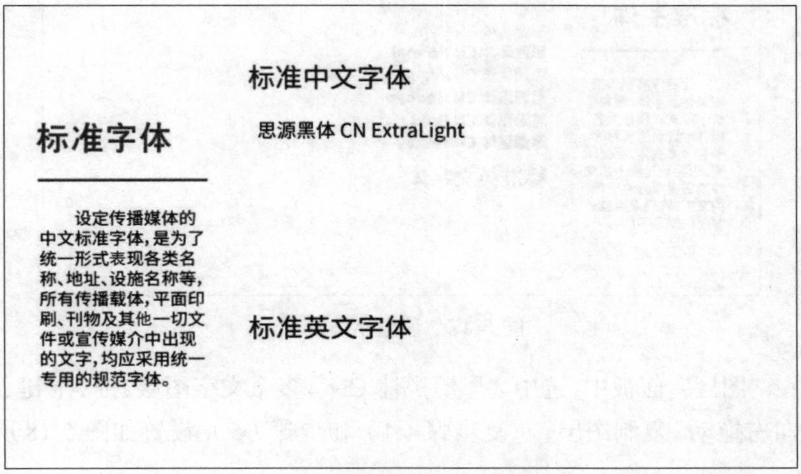

图 5-15　字体格式设置

（5）按 Alt 键向下拖动文字“思源黑体 CN ExtraLight”，依次复制 6 个文字图层，选中多个文字图层，设置对齐方式为“左对齐”；选择“横排文字工具”，依次将文字内容改为如图 5-16 所示。

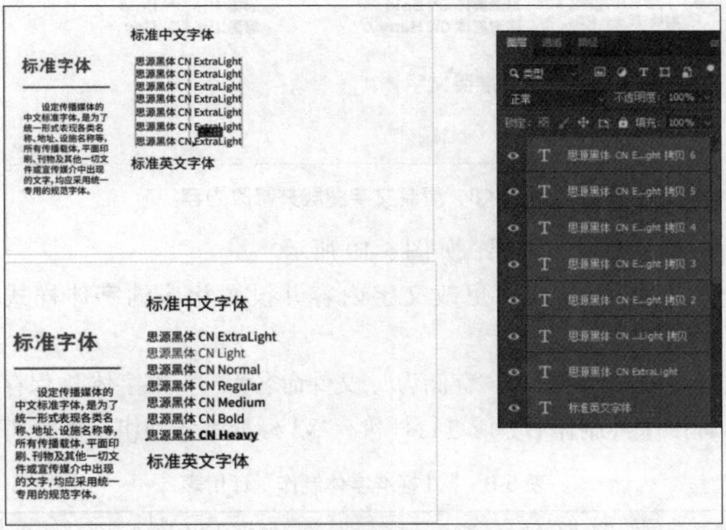

图 5-16　复制文字并修改内容

（6）单击“横排文字工具”，选中文字，依次将选项栏中的“字体样式”设置为“思源黑体 CN ExtraLight”“思源黑体 CN Light”“思源黑体 CN Normal”“思源黑体 CN Regular”“思源黑体 CN Medium”“思源黑体 CN Bold”“思源黑体 CN Heavy”，如图 5-17 所示。

图 5-17　设置字体样式

（7）在“图层”面板中，选中“思源黑体 CN”多个文字图层，按 Alt 键，利用“移动工具”向右拖动，复制图层，重复步骤（4）和步骤（5），设置如图 5-18 所示效果。

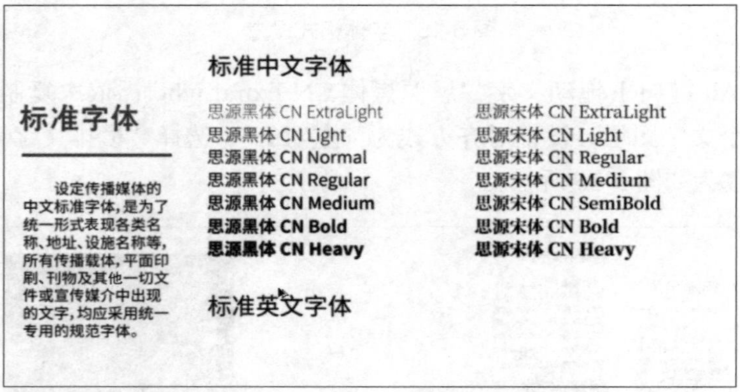

图 5-18　复制文字图层并修改内容

（8）按 Alt 键复制文字图层，如图 5-19 所示。

（9）重复步骤（5），依次更改文字内容并设置相应的字体样式，如图 5-20 所示。

（10）执行菜单“文件”→“存储为”，文件命名为“标准字体”，保存类型为 .psd。

完成 VI 标准字体制作后，请进行评价，“VI 标准字体制作”评价如表 5-8 所示。

表 5-8　“VI 标准字体制作”评价表

评 价 指 标	自评（√）	师评（√）	团队评（√）
能正确使用“横排文字工具”输入字符			
能正确设置“切换字符和段落”面板中的相关参数			
能正确设置字体样式			
能借助快捷键 Alt，进行图层的复制操作			

图 5-19　复制文字图层

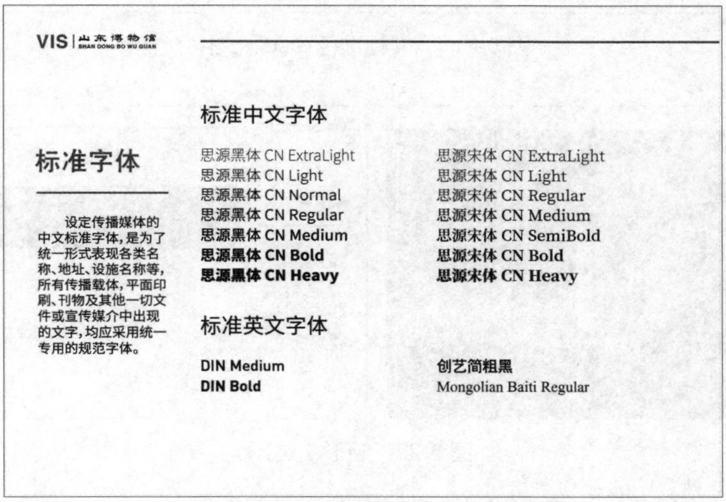

图 5-20　设置字体样式

3. VI 标准色

（1）在 Photoshop 中，打开“VI 标准色 .psd”文件，如图 5-21 所示。

（2）双击“设置前景色”按钮，在弹出的“拾色器（前景色）”中，将前景色设置为 R:200，G:22，B:29；选择工具箱中的“矩形工具”，绘制矩形，在“图层”面板中，选中矩形图层和版面上方的直线图层，设置对齐方式为“左对齐”，效果如图 5-22 所示。

（3）按 Alt 键向下拖动，复制矩形，如图 5-23 所示。

“山东省博物馆”VI 标准色和 VI 辅助色设计

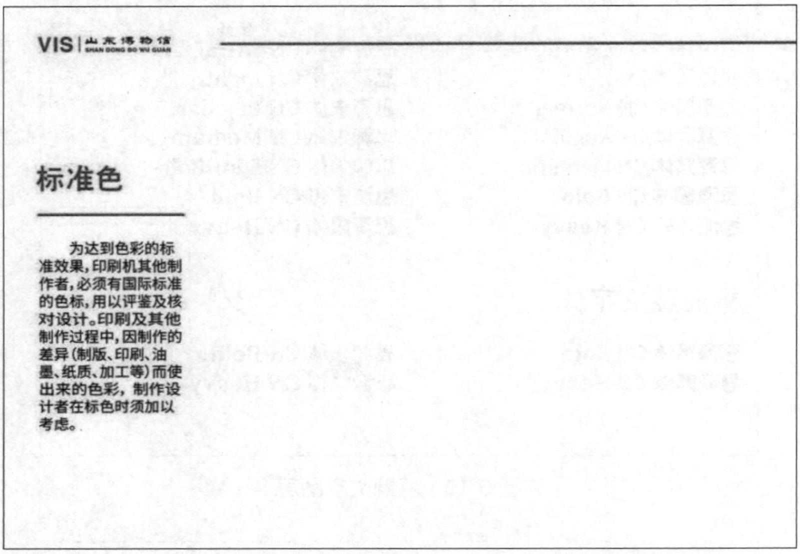

图 5-21 “VI 标准色 .psd”文件

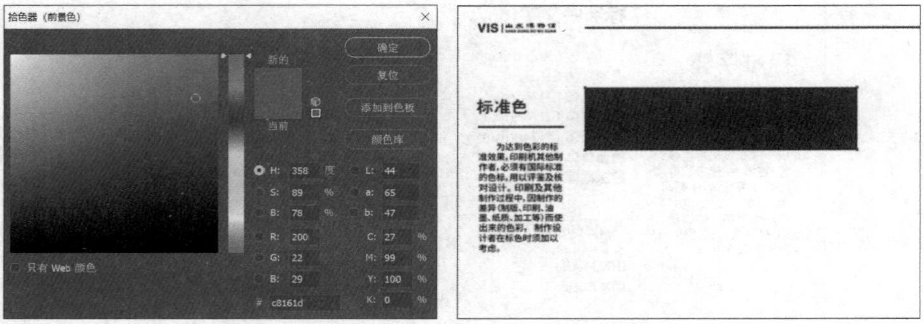

图 5-22 矩形左对齐

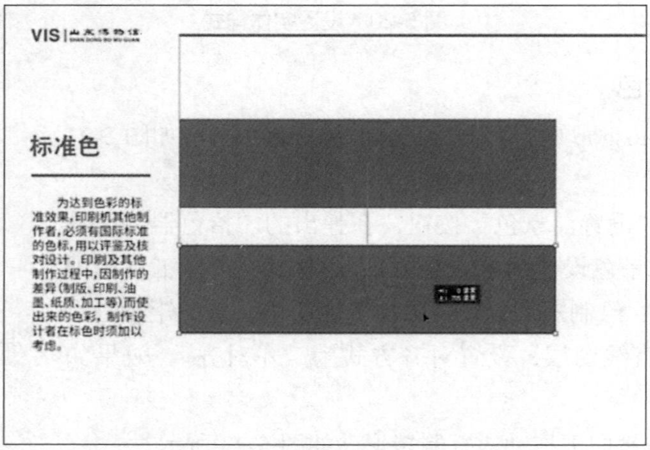

图 5-23 复制矩形

（4）选择工具箱中的“横排文字工具”，在选项栏中单击“右对齐文本”按钮，在第一个矩形框的右侧输入该矩形框填充色的 CMYK 值、RGB 值以及颜色代码，按 Ctrl+T 组合键，调整文字大小，如图 5-24 所示。

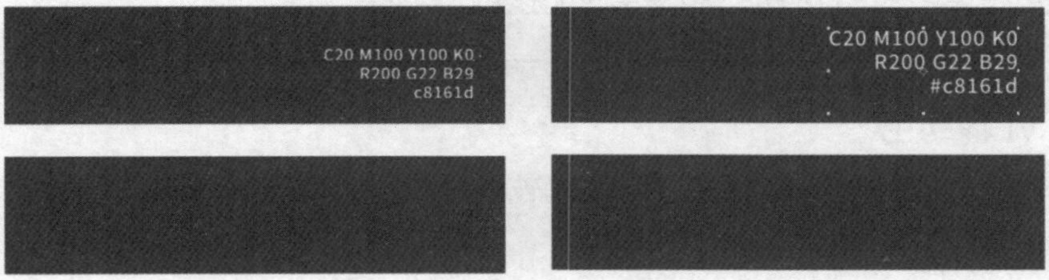

图 5-24　输入文字

（5）选择工具箱中的“横排文字工具”，选中文字，在选项栏中，将字体样式设置为“思源黑体 CN Bold”，字符大小为 20 点；利用“移动工具”，调整文字位置，按 Alt 键，向下方拖动，复制文字，如图 5-25 所示。

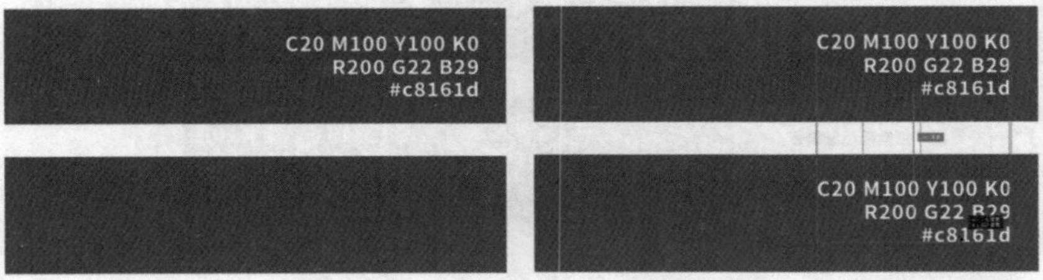

图 5-25　字体样式设置

（6）将第二个矩形的填充色改为黄色（R:246，G:173，B:60），选择“横排文字工具”，选中第二个矩形框里的文字，将内容改为填充色黄色对应的数值，效果如图 5-26 所示。

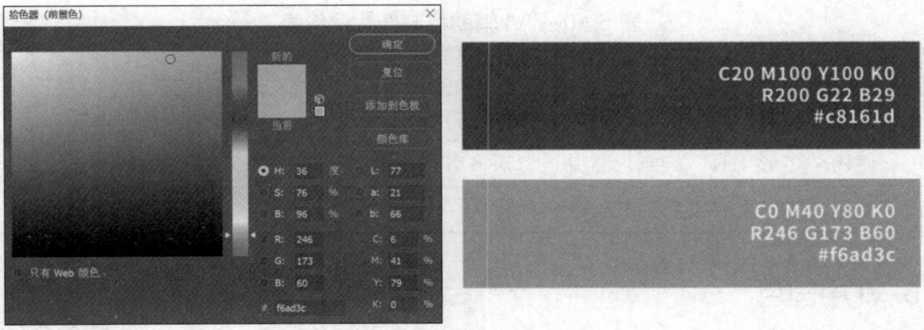

图 5-26　填充黄色

（7）执行菜单“文件”→“存储为”，文件命名为“标准色”，保存类型为 .psd。

完成 VI 标准色制作后，请进行评价，“VI 标准色制作”评价如表 5-9 所示。

表 5-9 “VI 标准色制作”评价表

评 价 指 标	自评（√）	师评（√）	团队评（√）
能正确设置“拾色器”对话框的相关参数并进行颜色填充			
能正确使用“矩形工具”绘制形状并设置对齐方式			
能正确使用“横排文字工具”并设置字体样式			

4. VI 辅助色

VI 辅助色的制作与 VI 标准色制作方法相同，效果如图 5-27 所示，文件存储为“辅助色 .psd”。

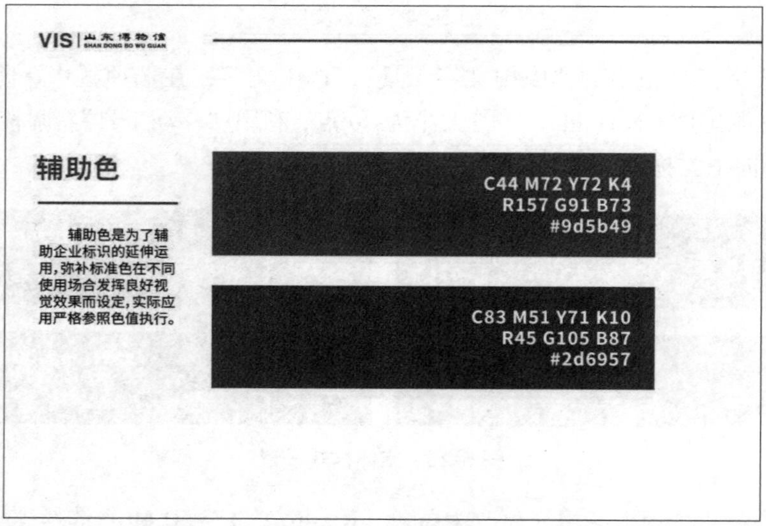

图 5-27 VI 辅助色

完成 VI 辅助色制作后，请进行评价，如表 5-10 所示。

表 5-10 “VI 辅助色制作”评价表

评 价 指 标	自评(√)	师评(√)	团队评(√)
能正确设置“拾色器”对话框的相关参数并进行颜色填充			
能正确使用“矩形工具”绘制形状并设置对齐方式			
能正确使用“横排文字工具”并设置字体样式			

5. VI 中国色

VI 中国色的制作，与 VI 标准色制作方法相同，绘制 12 个大小相同的矩形，调整其对齐方式，用文字标注各个填充色的 CMYK 值、RGB 值以及颜色代码，字体设置为“思源黑体 CN Bold”，字符大小为 16 点，依次按对应的颜色代码为矩形进行颜色填充，效果如图 5-28 所示，文件存储为“中国色 .psd”。

“山东省博物馆”VI 中国色设计

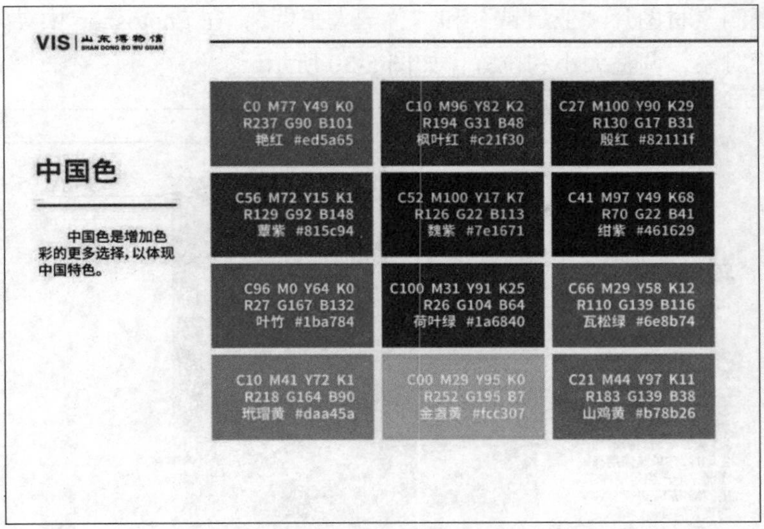

图 5-28　VI 中国色

完成 VI 中国色制作后，请进行评价，如表 5-11 所示。

表 5-11　“VI 中国色制作”评价表

评 价 指 标	自评（√）	师评（√）	团队评（√）
能正确设置“拾色器”对话框的相关参数并进行颜色填充			
能正确使用“矩形工具”绘制形状并设置对齐方式			
能正确使用“横排文字工具”并设置字体样式、文字对齐方式			

6. 辅助图形 A 制作

（1）在 Photoshop 中，打开“辅助图形 A.psd”文件，如图 5-29 所示。

“山东省博物馆”
辅助图形 A 设计

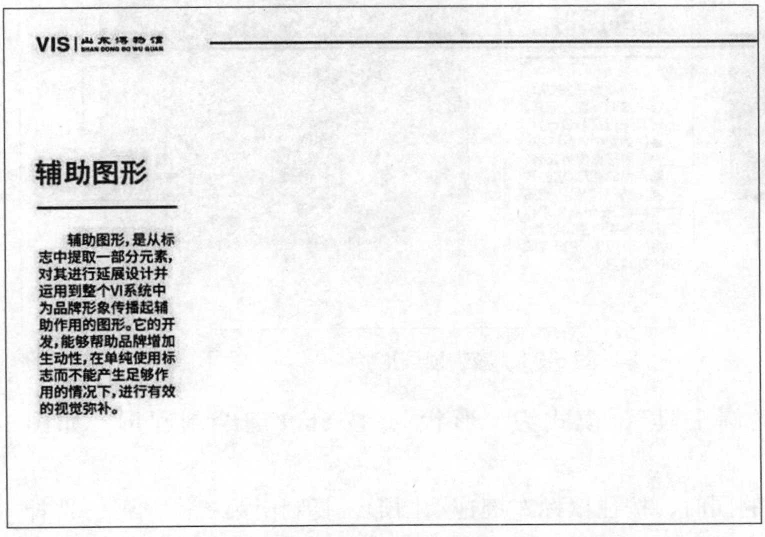

图 5-29　“辅助图形 A.psd”文件

（2）复制素材图片“亚丑钺”和“鲁国大玉璧”，在 Photoshop 中导入，复制并粘贴为智能对象，调整大小和位置，如图 5-30 所示。

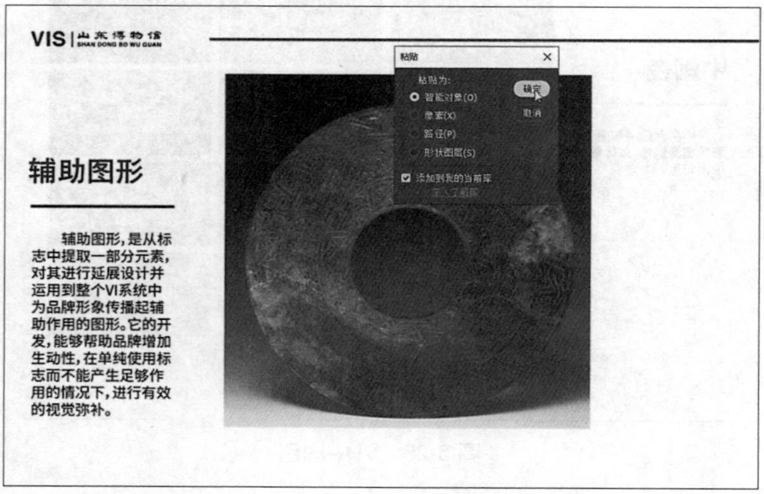

图 5-30　导入素材图片

（3）选择在工具箱中的“椭圆工具”，工具模式为“形状”，填充色为红色（R:200，G:22，B:29），绘制圆形。选择“矩形工具”，模式为“形状”，在圆形上方绘制矩形，单击工具选项栏的“路径操作”按钮，选择“减去顶层形状”，效果如图 5-31 所示。

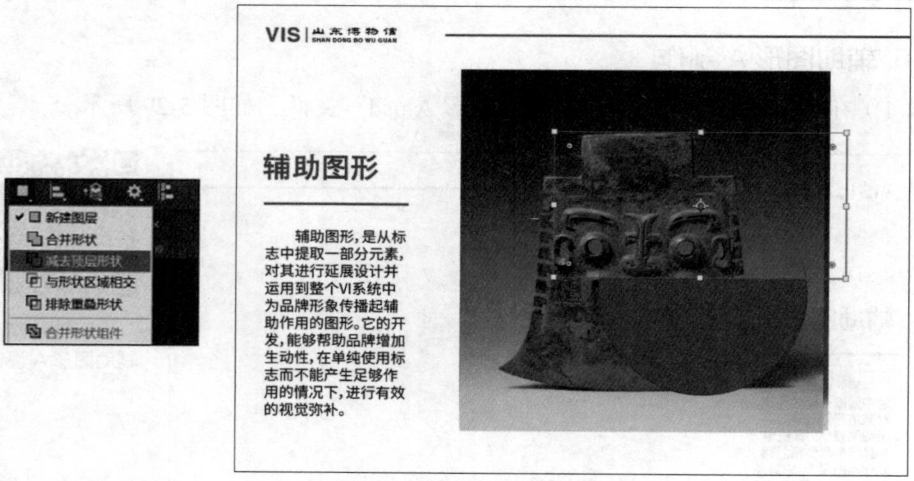

图 5-31　减去顶层形状

（4）选择“椭圆工具”，模式为“形状”，按 Shift 键绘制圆形，如图 5-32 所示。

（5）按 Alt 键的同时，按住鼠标左键拖动圆形，复制出第二个圆形，选择“路径选择工具”，调整矩形和两个圆形的位置，如图 5-33 所示。

图 5-32　绘制圆形

图 5-33　复制圆形

（6）在工具选项栏中，设置填充为“无”，描边为红色（R:200，G:22，B:29），20 像素，完成图形 1 的绘制，效果如图 5-34 所示。

（7）按 Ctrl+T 组合键将图形 1 等比例放大，选择“移动工具”，将图形 1 移动到如图 5-35 所示位置，按 Ctrl+J 组合键复制形状。

（8）关闭“亚丑钺”图层可见性图标，显示“鲁国大玉璧”。按 Ctrl+J 组合键复制“鲁国大玉璧”图层，并把原图层的图层可见性图标关闭。选择复制的“鲁国大玉璧”图层，按 Ctrl+T 组合键，旋转，如图 5-36 所示，使其上的某一花纹摆正方向。

（9）按 Z 键，将图片放大。选择“钢笔工具”，在工具选项栏设置为“形状，

图 5-34　设置图形参数

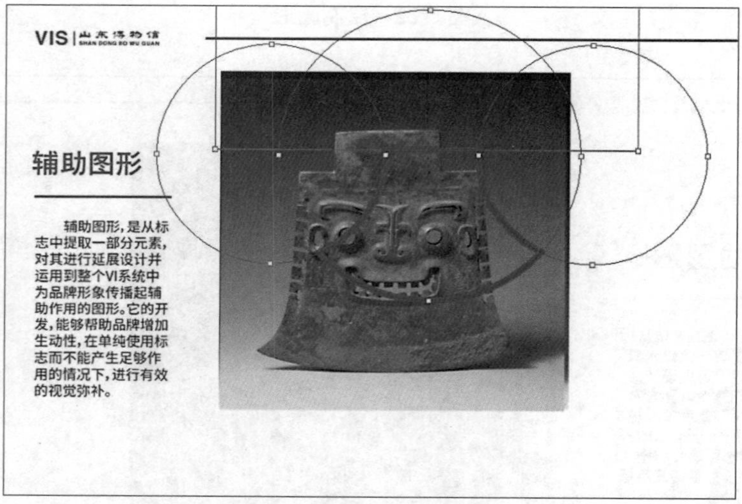

图 5-35　调整图形大小和位置

图 5-36　调整“鲁国大玉璧”图层

无填充，描边 1 像素”，如图 5-37 所示。

（10）在工具选项栏设置填充为红色，如图 5-38 所示。

图 5-37　绘制形状

图 5-38　形状填充

（11）按 Ctrl+J 组合键复制该形状图层，并执行菜单“编辑”→“变换路径”→“水平翻转”，选择“移动工具”，将翻转后的形状调整位置，如图 5-39 所示。

（12）按 Z 键，将图形放大。选择“直接选择工具”，调整图形中锚点的位置，如图 5-40 所示。

图 5-39　复制形状并水平翻转

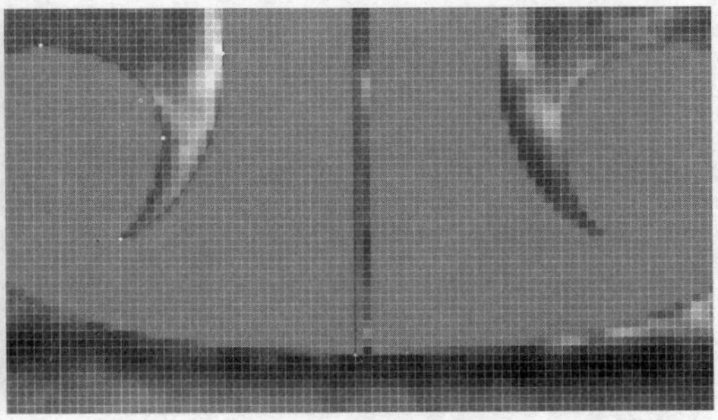

图 5-40　调整形状

（13）将两个对称图形合并，完成图形 2 的绘制，按 Ctrl+J 组合键复制形状；按 Ctrl+T 组合键将复制的形状等比例放大，并选择“移动工具”，将它移动到之前的图形中间，如图 5-41 所示，完成辅助图形的绘制，调整其大小和位置；按 Ctrl+J 组合键复制完整的辅助图形。

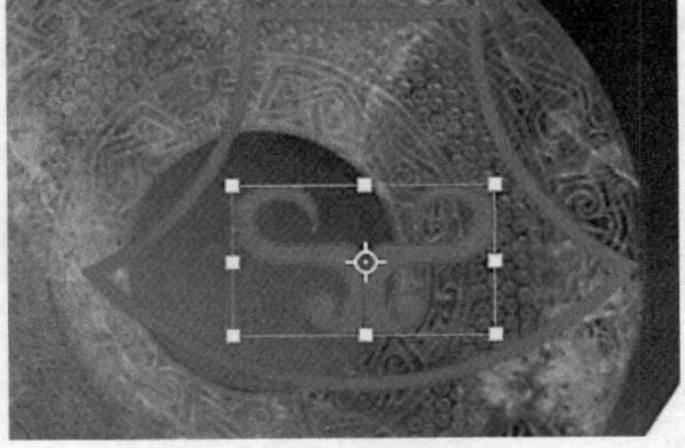

图 5-41　图形组合

（14）显示“亚丑钺”和“鲁国大玉璧”图层可见性图标，按 Ctrl+T 组合键调整大小和位置；按 Ctrl+T 组合键调整图形 1 和图形 2 的拷贝层大小以及位置；单击“矩形工具”，绘制“+”和“=”图形；按 Ctrl+T 组合键调整辅助图形拷贝层的大小和位置，最终版面分布如图 5-42 所示。

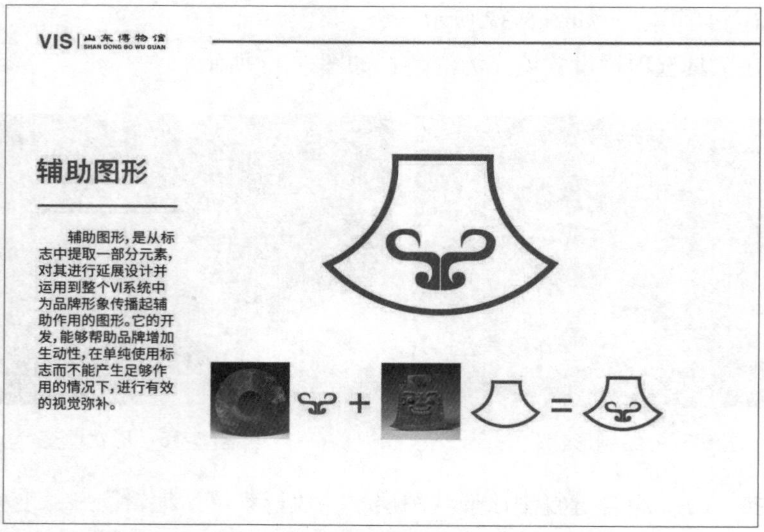

图 5-42　辅助图形 A

（15）执行菜单“文件”→“存储为”，文件命名为“辅助图形 A”，保存类型为 .psd，保存文件。完成辅助图形 A 制作后，请进行评价，“辅助图形 A 制作”评价如表 5-12 所示。

表 5-12　“辅助图形 A 制作”评价表

评 价 指 标	自评(√)	师评(√)	团队评(√)
能正确使用形状工具组绘制形状			
能正确使用“钢笔工具”绘制形状并设置工具栏相关参数			
能正确使用组合键对图形、形状进行复制、缩放、翻转等操作			
能正确使用形状工具选项栏的“路径操作按钮”进行图形的组合操作			

7. 辅助图形 B 制作

（1）在 Photoshop 中，导入“青铜器”素材图片，调整其大小和位置，如图 5-43 所示，按 Z 键，放大。

“山东省博物馆”辅助图形 B 设计

（2）单击工具箱中的“椭圆工具”，在工具选项栏设置为“形状，无填充，描边为红色，15 像素”，按 Shift 键绘制圆形，如图 5-44 所示。

（3）选择“钢笔工具”，增加锚点，选中右上角的锚点，删除，如图 5-45 所示。

（4）在“钢笔工具”的选项栏中，设置描边选项的端点如图 5-46 所示。

（5）选择“直接选择工具”，单击右下角两个锚点，按 Ctrl+J 组合键复制形状；利用“移动工具”将复制的形状移动到如图 5-47 所示位置。

图 5-43　“青铜器”素材图片

图 5-44　绘制圆形

图 5-45　删除部分形状

图 5-46　设置端点类型

图 5-47　复制形状

（6）选择“钢笔工具”，调整锚点位置，使两个形状重合，如图 5-48 所示。

图 5-48　调整锚点位置

（7）按 Ctrl+J 组合键复制形状；利用“移动工具”将复制的形状向下移动，按 Ctrl+T 组合键，旋转，如图 5-49 所示。

图 5-49　复制形状并旋转

（8）利用“移动工具”将复制的形状向下、向左移动到如图 5-50 所示位置，将所绘制图形创建组，组的名称为“形状 1”。

图 5-50　移动形状并创建图形组

（9）单击“青铜器”图层，按 Ctrl+T 组合键调整大小和位置，如图 5-51 所示。

（10）选择“椭圆工具”，按 Shift 键绘制圆形，大小与“青铜器”图片平齐，如图 5-52 所示。

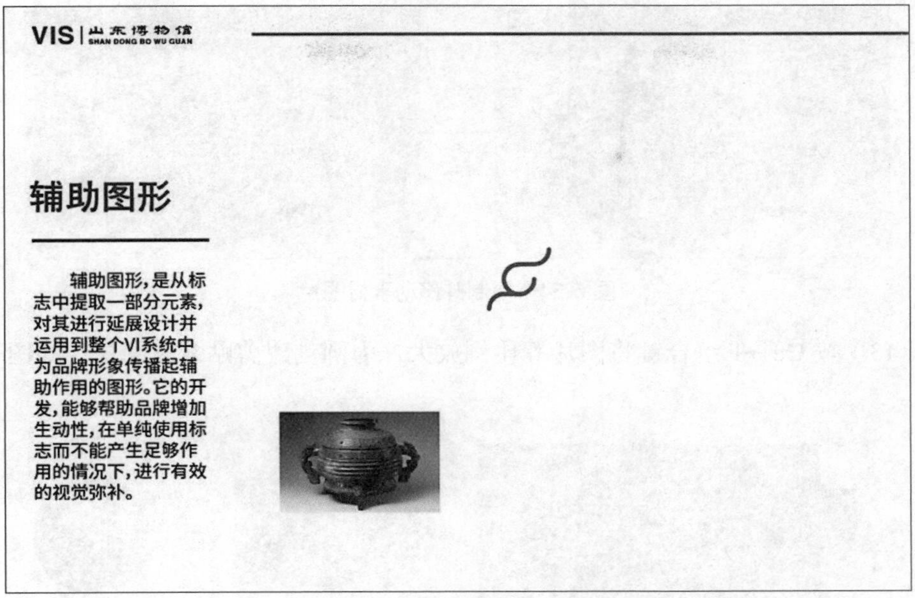

图 5-51　调整图片大小和位置

图 5-52　绘制圆形

（11）利用“移动工具”将圆形向右移动，如图 5-53 所示。

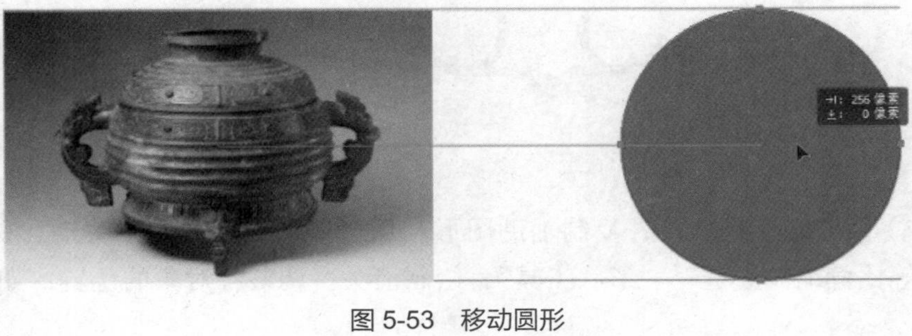

图 5-53　移动圆形

（12）单击“青铜器”图层，按 Ctrl+J 组合键复制图层，并利用“移动工具”将复制的图层向右移动，正好遮住圆，如图 5-54 所示。

图 5-54　复制并移动素材图片

（13）按 Ctrl+T 组合键将图片等比例放大，为圆创建剪贴蒙版图层，如图 5-55 所示。

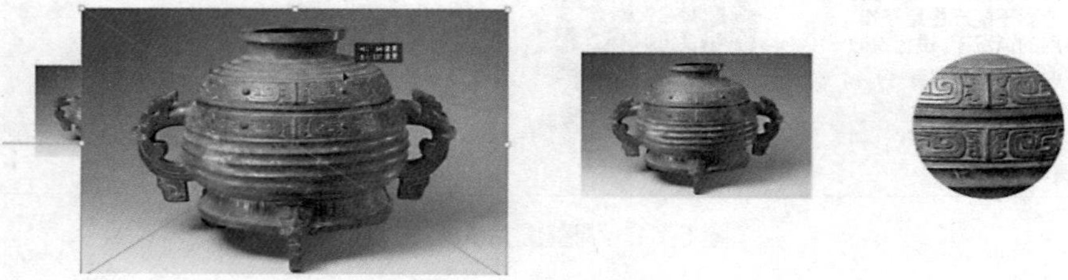

图 5-55　创建剪贴蒙版

（14）单击图层组“形状 1”，按 Ctrl+T 组合键复制图层组并重命名为“形状 2”，利用“移动工具”移动位置，如图 5-56 所示。

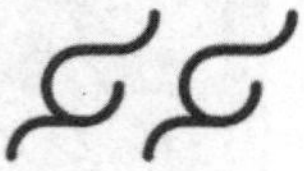

图 5-56　复制图层组

（15）执行菜单“编辑→变换→翻转 180°”，如图 5-57 所示，调整形状位置。

（16）选中“形状 1”和“形状 2”图形组，在工具选项栏中，将描边设为 30 像素，如图 5-58 所示，在“图层”面板中右击图层组，将其转换为智能对象，按 Ctrl+T 组合键等比例放大。

图 5-57　变换形状组

图 5-58　描边设置

（17）按 Ctrl+J 组合键，复制辅助图形利用“移动工具”向下移动；按 Ctrl+T 组合键等比例缩小。选择“形状工具”，绘制箭头。调整各对象的位置，如图 5-59 所示。

（18）执行菜单“文件”→“存储为”，文件命名为“辅助图形 B”，保存类型为 .psd。

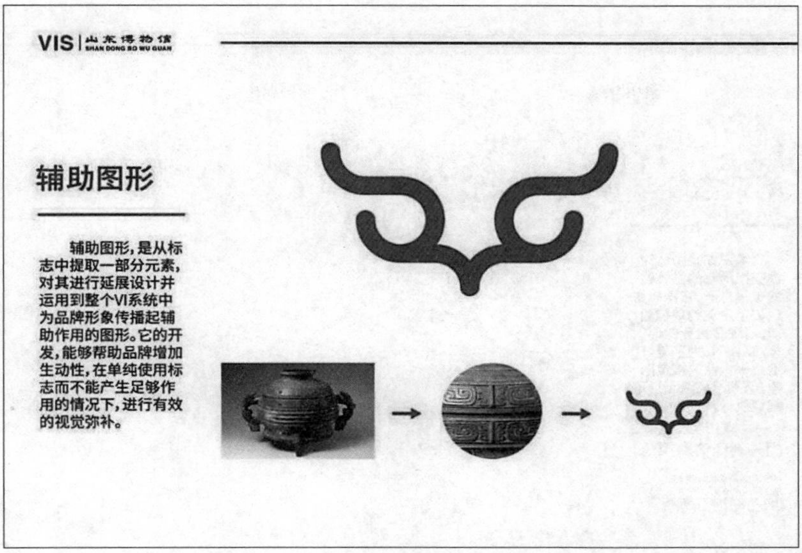

图 5-59　辅助图形 B

完成辅助图形 B 制作后，请进行评价，“辅助图形 B 制作”评价如表 5-13 所示。

表 5-13　“辅助图形 B 制作”评价表

评 价 指 标	自评（√）	师评（√）	团队评（√）
能正确使用“椭圆工具”绘制形状并设置相关参数			
能正确使用“钢笔工具”并设置描边选项			
能够合理对图形、形状进行移动、复制、缩放等操作			
能正确创建图层剪贴蒙版			
能对图层组进行相关操作			

8. VIS 笔记本制作

山东省博物馆 VIS 应用部分笔记本制作步骤如下。

（1）在 Photoshop 中，打开名称为“VIS 笔记本 .psd”文件，如图 5-60 所示。

（2）单击工具箱中的“矩形工具”，绘制矩形，拖动右上和右下角的节点，改变角半径，绘制出笔记本的外形，如图 5-61 所示。

“山东省博物馆”VIS
笔记本设计

（3）双击矩形图层缩略图，打开“拾色器（纯色）”，将填充色的颜色代码改为辅助色（#9d5b49），如图 5-62 所示。

（4）选择“矩形工具”，绘制矩形，填充色为红色（#c8161d），调整大小，如图 5-63 所示。

（5）打开“山东省博物馆 LOGO.psd”文件，在“图层”面板中，选中图层和组，

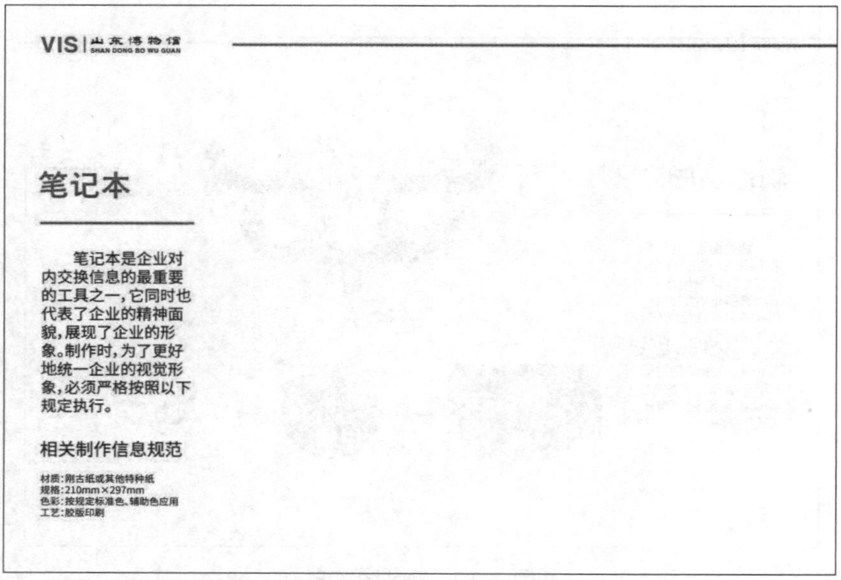

图 5-60 “VIS 笔记本 .psd”文件

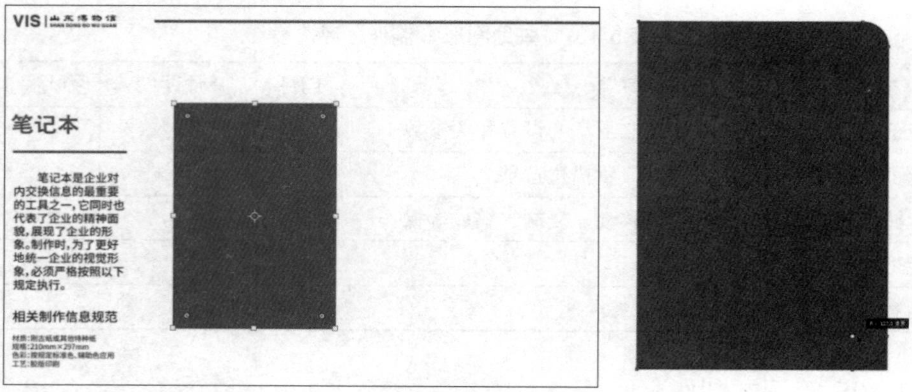

图 5-61 绘制笔记本外形

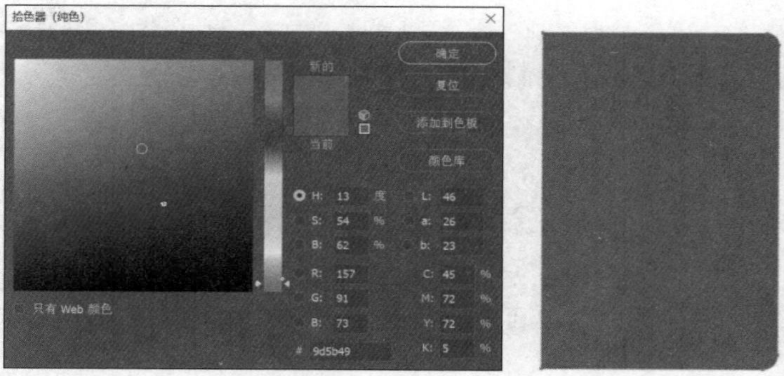

图 5-62 填充颜色

图 5-63 绘制矩形

右击，在弹出的快捷菜单中，选择“复制图层和组”命令，在弹出的对话框中，目标选择“VIS 笔记本 .psd”，如图 5-64 所示。

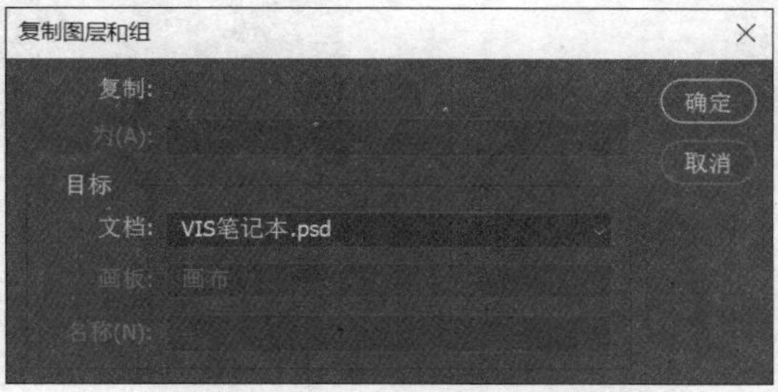

图 5-64　“复制图层和组”对话框

（6）返回“VIS 笔记本 .psd”文件，调整文字位置。选中文字图层组，右击，在弹出的快捷菜单中，选择“转化为智能对象”命令，如图 5-65 所示。

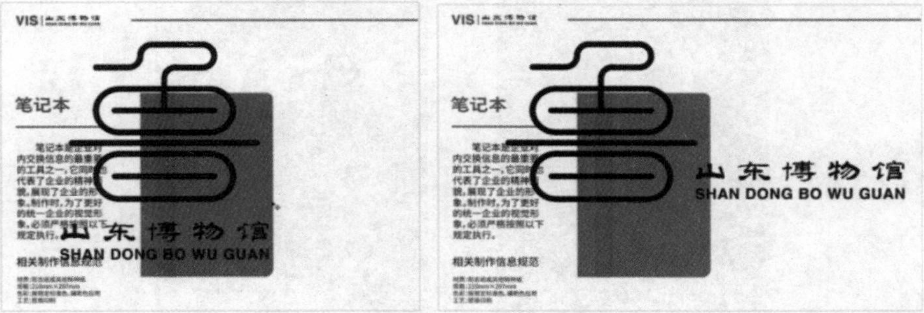

图 5-65　转换为智能对象

（7）在“图层”面板中，选中“鲁”字图层，按 Ctrl+T 组合键调整大小和位置，如图 5-66 所示。

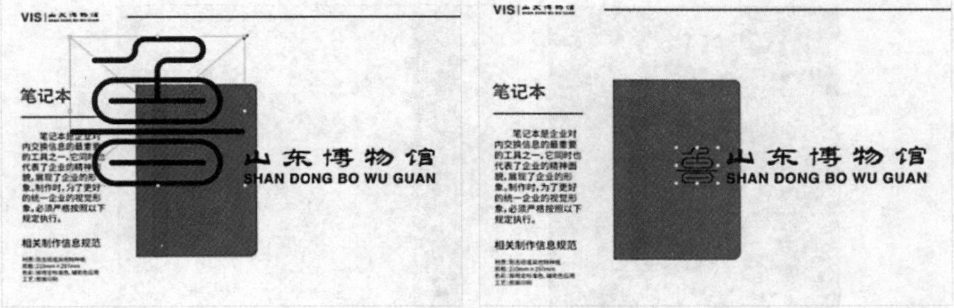

图 5-66　“鲁”字调整

（8）在“图层”面板中，选中图层组，右击，在弹出的快捷菜单中，选择“混合选项”命令，在“图层样式”对话框中，勾选“颜色叠加”，设置颜色叠加为“白色”；按 Ctrl+T 组合键调整图层组大小和位置，效果如图 5-67 所示。

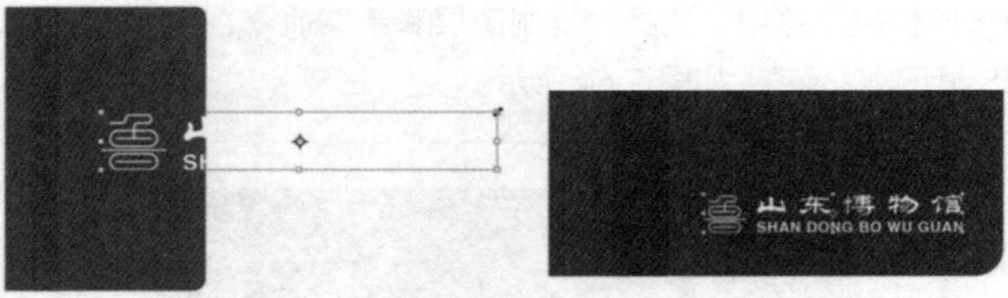

图 5-67 设置图层后的效果

（9）打开“辅助图形 .psd”文件，复制图层到“VIS 笔记本 .psd”中，调整辅助图形大小和位置。在“图层”面板中，右击，在弹出的快捷菜单中选择“混合选项”命令，在“图层样式”对话框中，勾选“颜色叠加”，设置颜色叠加为“白色”，如图 5-68 所示。

图 5-68 设置颜色叠加

（10）打开“笔记本样机 .psd”，将智能对象替换为“山东博物馆笔记本”，如图 5-69 所示，调整大小和位置，保存为“笔记本样机 .jpg”。

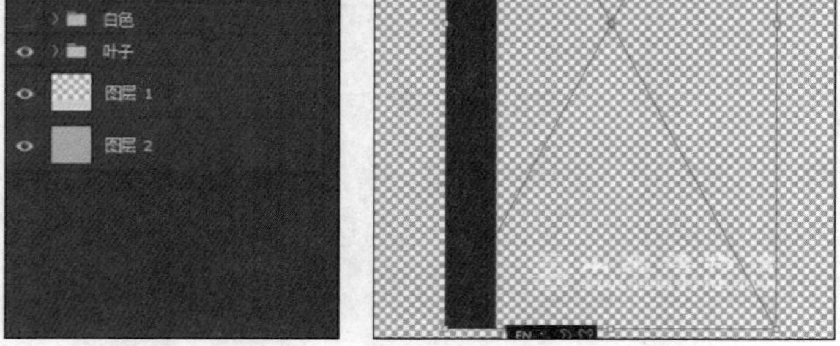

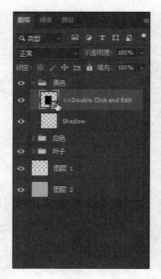

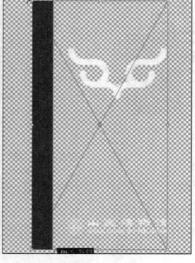

图 5-69 笔记本样机制作

（11）在“VIS 笔记本 .psd”文件中，导入图片“笔记本样机 .jpg”，调整大小和位置，效果如图 5-70 所示。

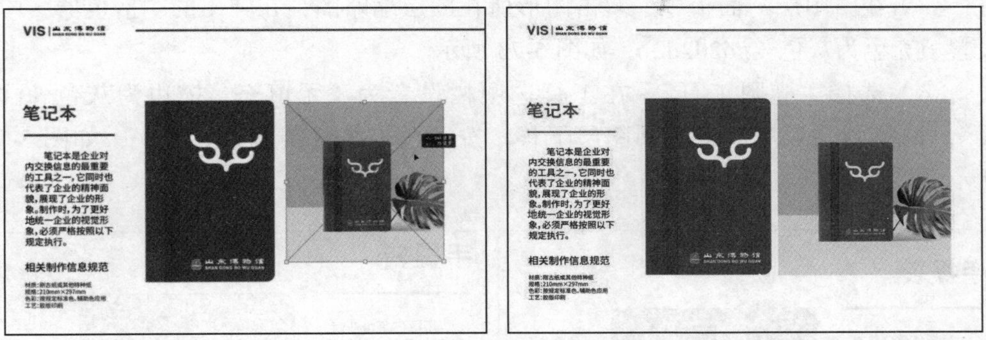

图 5-70　VIS 笔记本的效果图

（12）执行菜单“文件”→“存储”，保存为“VIS 笔记本 .psd”。

完成 VIS 笔记本制作后，请进行评价，“VIS 笔记本制作”评价如表 5-14 所示。

表 5-14　“VIS 笔记本制作”评价表

评 价 指 标	自评（√）	师评（√）	团队评（√）
能正确使用“矩形工具”绘制形状并设置相关参数			
能正确复制“图层和图层组”			
能够合理对图形、形状进行移动、缩放等操作			
能够在图层组的“混合选项”中，正确设置“图层样式”			
能够在样机源文件中，正确编辑智能对象			

9. VIS 手提袋制作

（1）在 Photoshop 中，打开“VIS 手提袋 .psd”文件，如图 5-71 所示。

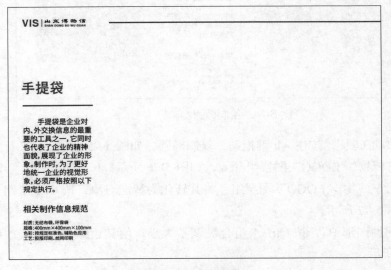

图 5-71　VIS 手提袋 .psd

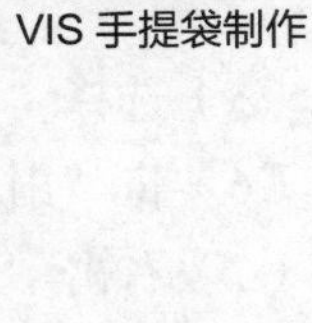

“山东省博物馆”
VIS 手提袋设计、
VIS 手提袋制作

（2）选择“矩形工具”绘制矩形，并拖动角节点，改变角半径大小（60 像素），如图 5-72 所示。

（3）在“图层”面板中，双击图形所在图层缩略图，在弹出的“拾色器”中，设置填充色为灰色（#d2d2d2），如图 5-73 所示。

（4）选择“椭圆工具”，在工具选项栏设置为“无填充，描边为灰色 50 像素”，调整图层顺序，将椭圆图层下移，按 Ctrl+T 组合键调整其大小，如图 5-74 所示。

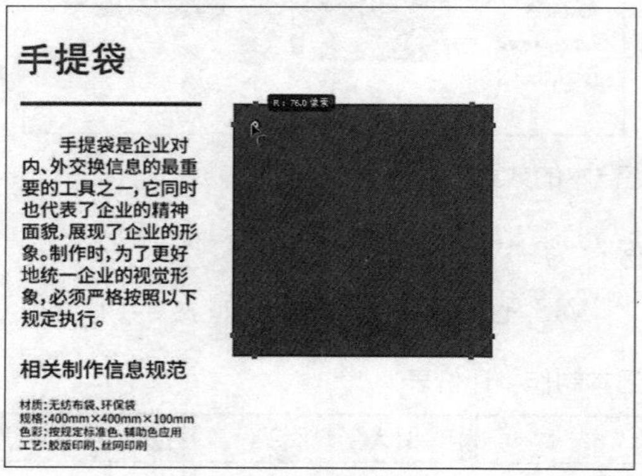

图 5-72　绘制矩形

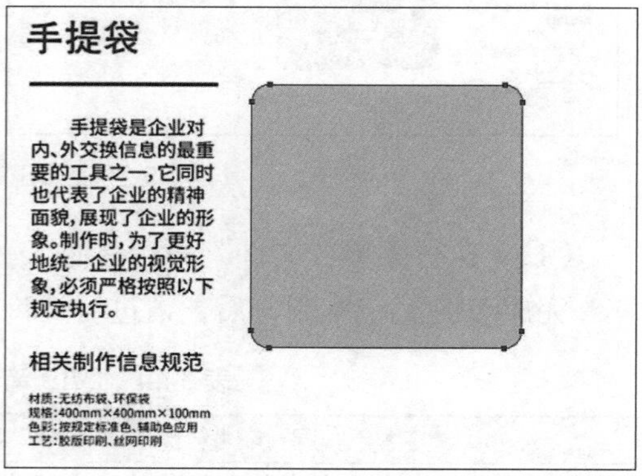

图 5-73　填充灰色

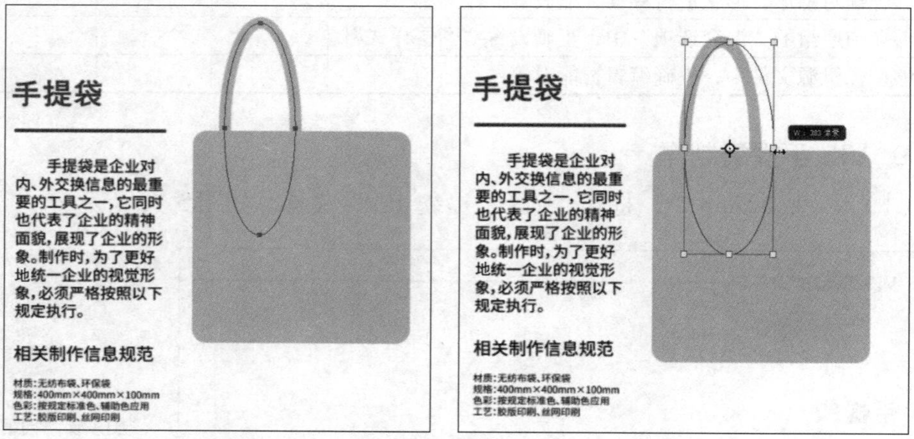

图 5-74　绘制椭圆

（5）选择“移动工具”，按住 Alt 键拖动，复制椭圆，如图 5-75 所示。

（6）将“山东博物馆 LOGO”图层组导入，如图 5-76 所示。

（7）右击“山东博物馆 LOGO”图层组，将其转化为智能对象，按 Ctrl+T 组合键调整大小，如图 5-77 所示。

（8）导入“辅助图形 B”，按 Ctrl+T 组合键调整大小，使其边缘与手提袋边缘对齐，如图 5-78 所示。

图 5-75　手提袋绘制

图 5-76　导入“山东博物馆 LOGO”图层组

图 5-77　调整大小和位置

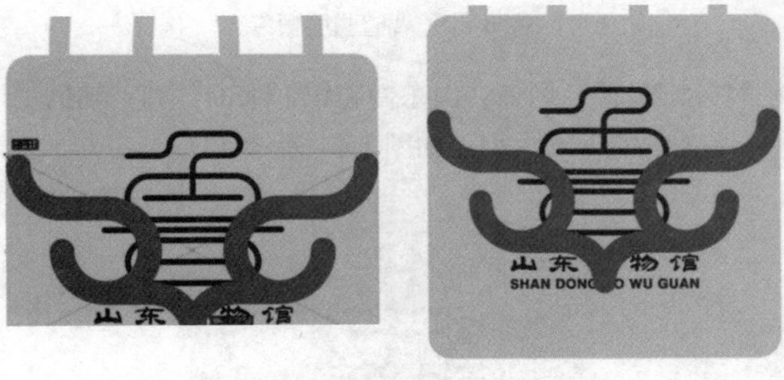

图 5-78　导入“辅助图形 B”

（9）在“图层”面板中，右击图层组“辅助图层 B”，在弹出的快捷菜单中，选择“混合选项”命令，在弹出的“图层样式”对话框中，勾选“颜色叠加”，单击“设置叠加颜色”选择颜色，如图 5-79 所示。

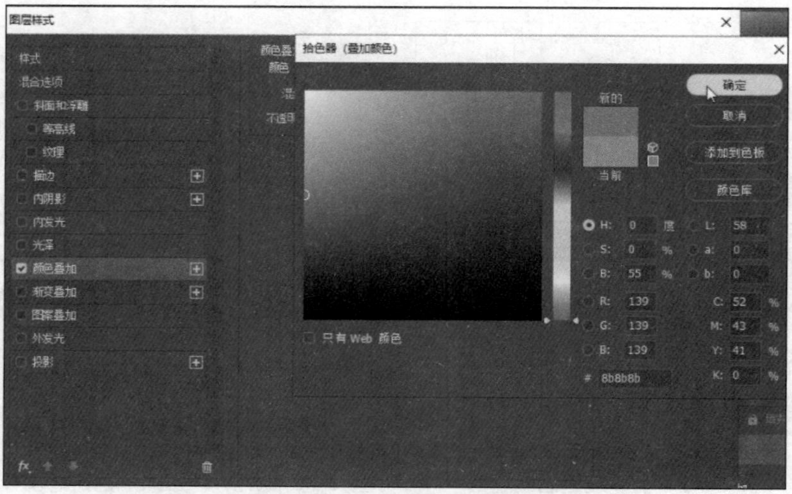

图 5-79 “图层样式”对话框

（10）调整“辅助图形 B”的图层顺序，使其位于“山东博物馆 LOGO”图层以下，如图 5-80 所示。

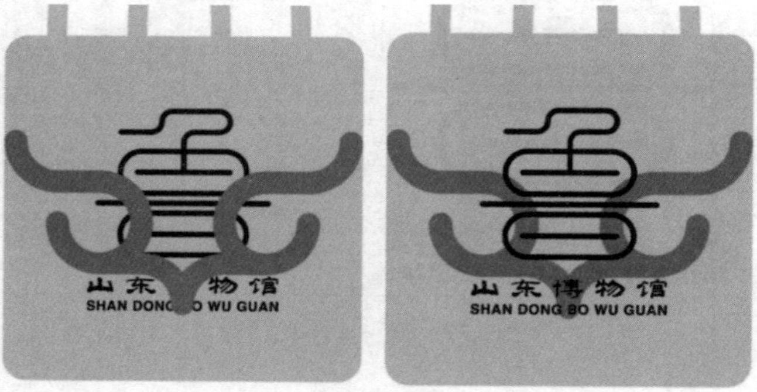

图 5-80 调整图层顺序

（11）选择“移动工具”，调整“山东博物馆 LOGO”和“辅助图形 B”的位置，按 Ctrl+T 组合键调整 LOGO 的大小，如图 5-81 所示。

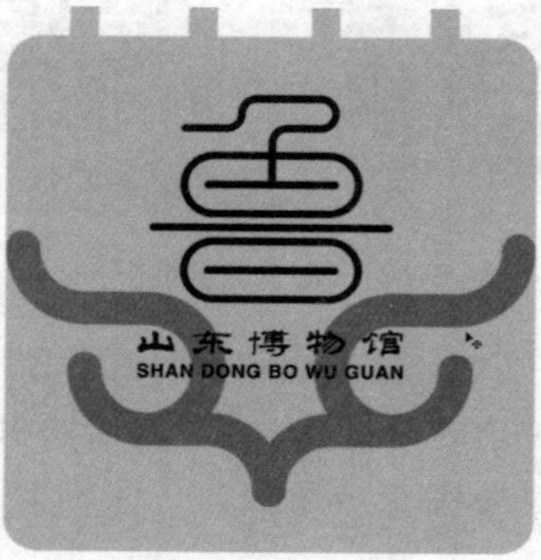

图 5-81 手提袋图形效果

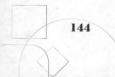

（12）打开“手提袋样机”，双击编辑，替换智能对象，制作手提袋展示图，如图 5-82 所示，存储为“手提袋 .jpg”。

图 5-82　手提袋样机制作

（13）返回“VIS 手提袋 .psd”文件，将“手提袋 .jpg”导入，按 Ctrl+T 组合键调整大小和位置，如图 5-83 所示。

图 5-83　VIS 手提袋效果图

（14）执行菜单“文件”→“存储为”，将文件命名为“VIS 手提袋”，保存类型为 .psd。

完成 VIS 手提袋制作后，请进行评价，“VIS 手提袋制作”评价表如表 5-15 所示。

表 5-15　“VIS 手提袋制作”评价表

评 价 指 标	自评（√）	师评（√）	团队评(√)
能正确使用“形状工具组”绘制形状并设置相关参数			
能正确导入图层组并转化为智能对象			
能够合理对图形、形状进行移动、缩放等操作			

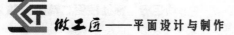

续表

评价指标	自评（√）	师评（√）	团队评(√)
能够在图层组的“混合选项”中，正确设置“图层样式”			
能够在样机源文件中，正确编辑智能对象			

5.4 “山东省博物馆”VI 设计技能梳理

本项目技能梳理思维导图如图 5-84 所示。

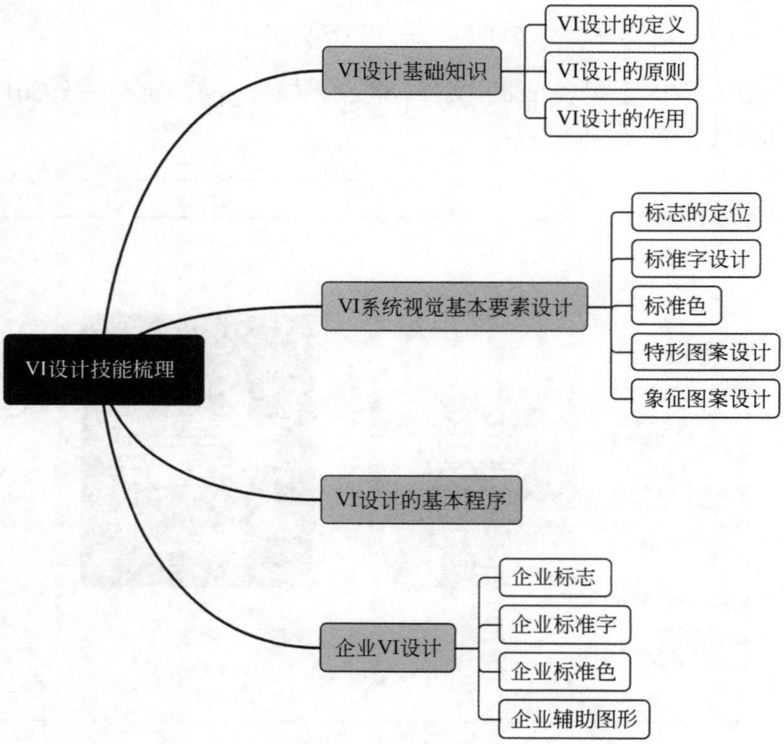

图 5-84　项目 5 思维导图

5.4.1　VI 设计基础知识

随着社会的现代化、工业化、自动化的发展，组织机构日趋繁杂，产品快速更新，市场竞争也变得更加激烈。各种媒体急速膨胀，传播途径不一，受众面对大量繁杂的信息，变得无所适从。企业比以往任何时候都需要统一的、集中的 VI 设计传播，个性和身份的识别因此显得尤为重要。企业可以通过 VI 设计实现这一目的。对内赢得员工的认同感、归属感，加强企业凝聚力；对外树立企业的整体形象，资源整合。

有控制地将企业的信息传达给受众，通过视觉符码，不断地强化受众的意识，从而获得认同。

1. VI 设计的定义

VI 又称为 VIS，是英文 Visual Identity System 的缩写，即视觉识别系统，是企业 VI 形象设计的重要组成部分。它是以企业标志、标准字体、标准色等为核心展开的完整的、系统的视觉表达体系，通过 VI 设计，将企业理念、企业文化、企业规范、服务内容等抽象概念转换为具体符号，是传播企业经营理念、建立企业知名度、塑造企业形象的快速便捷的途径，如图 5-85 所示。

图 5-85　VIS 手册

VI 设计一般包括两大部分内容：一是基础要素设计，包括企业名称、品牌标志、标准字体、印刷字体、标准图形、标准色彩、宣传口号、产品说明书等要素。二是应用设计，它包括产品造型、办公用品、工作服、公关用品、阵列展示以及印刷出版物等的设计，如图 5-86 所示。

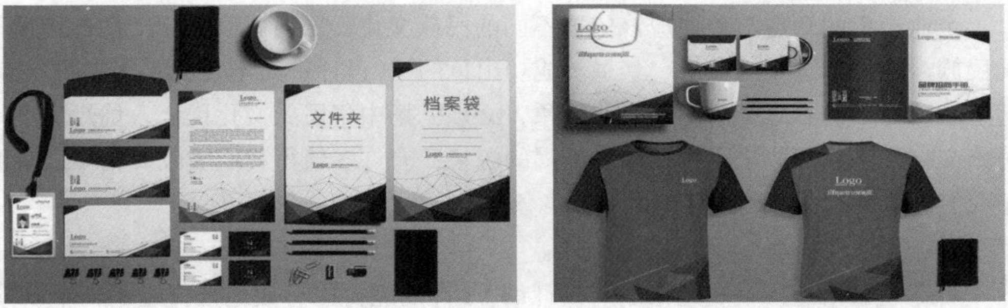

图 5-86　VI 应用设计

2. VI 设计的原则

（1）统一性原则

为了确保企业品牌形象对外传播的完整性和具体性，在 VI 设计的时候，必须保持设计构思和新媒体传播的一致性，如图 5-87 所示。通过视觉效果一体化设计构思，将信息完美地呈现，可以确保传播形式的特色化、明晰化、理性化。企业的文化理念和视觉品牌形象也要保持一致，这样才能强化企业形象，使信息更为迅速有

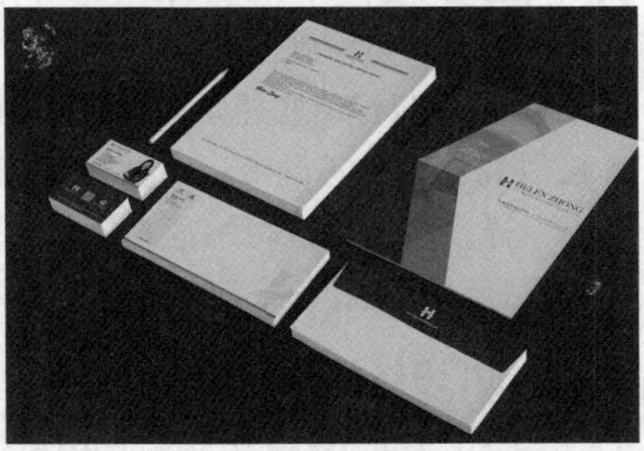
图 5-87　体现统一性原则的示例

效地进行传播，给大众留下强烈的印象与影响。

统一性原则的运用能使大众对特定的企业形象有一个统一完整的认识，增强了形象的传播力。

（2）差异性原则

企业品牌形象要想获得大众的认同，必须要强调特色化、差异化，这样才能与众不同，抢占市场。

差异性首先表现在不同行业的区分，因为在大众的心目中，不同行业的企业与机构的形象特征应是截然不同的。在设计时必须突出行业特点，才能使其与其他行业有不同的形象特征，有利于识别与认同。其次，必须突出与同行业其他企业的差别，才能独具风采，脱颖而出。

（3）人性化原则

品牌即人，以人为本，注重以情感人，以情动人。企业的 VI 设计并不只是符号化的设计，而是企业用来进行自我推广的一种方法，面对的是消费者。所谓设计的“人性化”，是设计师通过对设计形式和功能等方面的“人性化”因素的注入，赋予设计物以“人性化”的品格，使其具有情感、个性、情趣和生命。这样才能被广大消费者所接受，与品牌产生一种亲近感。

（4）民族性原则

企业形象的塑造与传播应该依据不同的民族文化，增强民族文化个性，尊重不同民族、地域和国家的风俗、禁忌。成功出色的 VI 设计都离不开民族文化的支持，塑造能跻身于世界之林的中国企业形象，必须弘扬中华民族文化优势，灿烂的中华民族文化，是我们取之不尽，用之不竭的源泉，有许多值得我们吸收的精华，有助于我们创造具有中华民族特色的企业形象。

（5）实施性原则

实施性原则是指企业经策划与设计的 VI 计划能得以有效地推行运用，企业 VI 计划能够有效地发挥树立企业的良好形象的作用。首先其策划设计必须考虑企业自身的情况、企业的市场营销的地位，以及在推行企业形象战略时确立的准确的形象定位，然后以此定位进行发展规划。如果实施起来非常复杂或者需要投入很多成本，那么对企业来说就会造成负担。因此，好的 VI 设计一定要能够落实，而不是纸上谈兵。

（6）视觉感原则

VI 设计归根结底还是一种视觉识别的系统，因此一定要具备好的视觉感。在具备强烈视觉感的基础上还需要满足当下的审美。企业的 VI 设计和搞纯粹的艺术创作不一样，不需要搞得晦涩难懂，一般的大众也没有那么多的精力去研究解读。因此视觉感尽可能看起来简单一点，满足大众审美就可以了，如图 5-88 所示。

3. VI 设计的作用

一个优秀的 VI 设计对一个企业的作用有以下几方面。

图 5-88　体现视觉感原则的示例

（1）在明显地将该企业与其他企业区分开的同时，又确立该企业明显的行业特征或其他重要特征，确保该企业在经济活动中的独立性和不可替代性；明确该企业的市场定位，属于企业的无形资产的一个重要组成部分。

（2）树立良好的企业形象，传达该企业的经营理念和企业文化，以形象的视觉形式宣传企业，为企业参与市场竞争提供保证。

（3）以自己特有的视觉符号系统吸引公众的注意力并产生记忆，使消费者对该企业所提供的产品或服务产生最高的品牌忠诚度。

（4）提高该企业员工对企业的认同感，提高企业员工的士气、凝聚力。

5.4.2　VI 系统视觉基本要素设计

1. 标志的定位

设计标志（LOGO）前，首先要了解标志的风格类型。在一般情况下，标志包括几何型、自然型、人物型、字形、字母型、花木型和多元化型等。

一个成功的标志，如图 5-89 所示，要具备塑造企业品牌形象的功能，在定位标志时可从以下几点入手。

图 5-89　VI LOGO

（1）以企业理念为题材。

（2）以经营内容与企业经营产品的外观造型为题材。

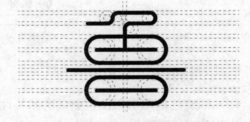

（3）以企业名称、品牌名称的首字母组合为题材。

（4）以企业名称和品牌名称为题材。

在企业标志设计中要注意以下几点。

（1）体现独特的企业文化和市场经营特色。

（2）强化视觉冲击力，富有感染力，符合审美规律。

（3）简洁鲜明，容易识别和记忆，易于使用。

2. 标准字设计

标准字又称组合字体，是指将某种事物、组织等的名称进行整体组合后所形成的字体。标准字不同于普通字体，除了造型上的美观和突出的视觉效果外，还在于标准字之间的连贯性，这种连贯性对企业形象特质做了极好的诠释，整体上体现了企业的个性特征。

标准字包括全称中文标准字、简称中文标准字、全称中文标准字方格坐标制图、简称中文标准字方格坐标制图、全称英文标准字、简称英文标准字、全称英文标准字方格坐标制图和简称英文标准字方格坐标制图等，如图 5-90 所示。

图 5-90　标准字设计

3. 标准色

标准色是用来象征企业或产品特性的指定颜色，是标志、标准字及宣传媒体专用的色彩，如图 5-91 所示。在企业信息传递的整体色彩计划中，具有明确的视觉识别效应。

企业标准色具有科学化、差别化、系统化的特点。因此，进行任何设计活动和开发作业，必须根据各种特征，发挥色彩的传达功能。企业标准色的确定是建立在企业经营理念、组织结构、经营策略等总体因素的基础上的。

标准色设计尽可能单纯、明快，以最少的色彩表现最多的含义，以达到精确快速地传达企业信息的目的。其设计理念应该表现如下特征。

（1）标准色设计应体现企业的经营理念和产品的特性，选择适合该企业形象的

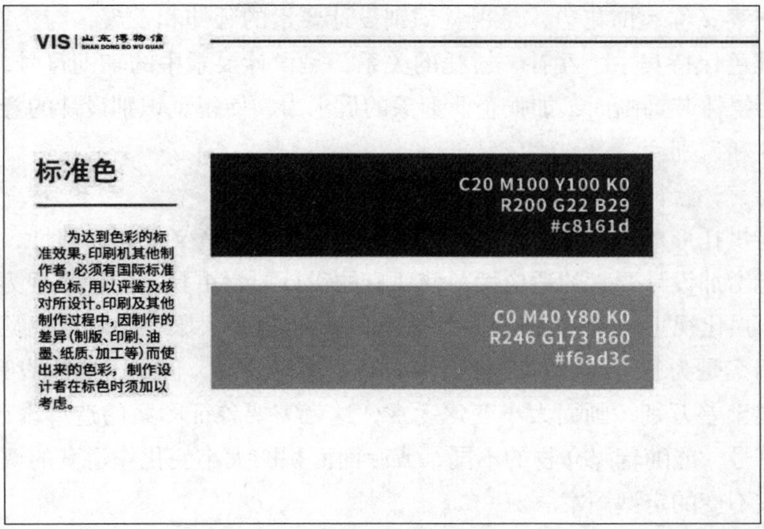

图 5-91　标准色

色彩，表现企业的生产技术性和产品的内容实质。

（2）突出竞争企业之间的差异性。

（3）标准色设计应适合消费心理。

设定企业标准色，除了全面实施、加强运用，以求取得视觉统合效果以外，还需要制订严格的管理办法进行管理。

4. 特形图案设计

特形图案是象征企业经营理念、产品品质和服务精神的富有地方特色的或具有纪念意义的具象化图案。这个图案既可以是图案化的人物，也可以是动物或植物。选择一个富有意义的形象物，经过设计，赋予具象物人格精神以强化企业个性，诉求产品品质。

特形图案又称“企业造型”，是通过平易近人、亲切可爱的造型，给人以强烈的记忆印象，成为视觉的焦点，来塑造企业识别的造型符号，直接表现出企业的经营管理理念和服务特质。

企业造型的功能，在于通过具象化的造型，来理解产品的特质及企业理念，因此，在选材上必须慎重，造型的设定上，要考虑宗教的信仰忌讳、风俗习惯等。

企业造型图案设计应具备以下要求。

（1）图案应富有地方特色或具有纪念意义，选择的图案与企业内在精神有必然联系。

（2）图案形象应有亲切感，让人喜爱，以达到传递信息，增强记忆的目的。

5. 象征图案设计

在识别系统中，除了标志、标准字、企业造型外，也经常运用具有适应性的象征图案。

象征图案又称装饰花边，是视觉识别设计要素的延伸和发展，与企业标志、标准字、标准色保持宾主、互补、衬托的关系，是设计要素中的辅助符号，主要适用于各种宣传媒体装饰画面，加强企业形象的诉求力，使视觉识别设计的意义更丰富，更具完整性和识别性。

一般而言，象征图案具有如下特性。

（1）能烘托形象的诉求力，使企业标志、标准字的意义更具完整性，易于识别。

（2）能增加设计要素的适应性，使所有的设计要素更具有设计表现力。

（3）能强化视觉冲击力，使画面效果富有感染力，最大限度地创造视觉诱导效果。

象征图案是为了适应各种宣传媒体的需要而设计的，但是，应用设计项目种类繁多，形式千差万别，画面大小变化无常，这就需要象征图案的造型设计是一个富有弹性的符号，能随着媒介物的不同，或版面面积的大小变化作适度的调整和变化，而不是一成不变的定型图案。

5.4.3 VI 设计的基本程序

VI 的设计程序可大致分为以下四个阶段。

（1）准备阶段。

（2）设计开发阶段。

（3）反馈修正阶段。

（4）编制 VI 手册（图 5-92）。

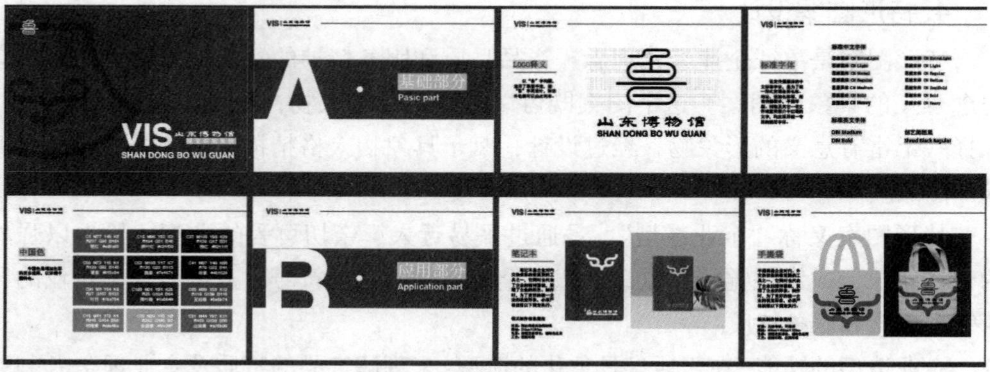

图 5-92　编制 VI 手册

5.4.4 企业 VI 设计

1. 企业标志

企业标志可分为企业自身的标志和商品标志。

（1）企业标志特点

① 识别性。

② 系统性。

③ 统一性。

④ 形象性。

⑤ 时代性。

（2）企业标志设计作业流程

调查企业经营状况、分析企业视觉设计现状，具体包括如下现状。

① 企业的理念精神内涵与企业的总体发展规划。

② 企业的营运范围、商品特性、服务性质等。

③ 企业的行销现状与市场占有率。

④ 企业的知名度与美誉度。

⑤ 企业经营者对整个形象战略及视觉识别风格的期望。

⑥ 企业相关竞争者和本行业特点的现状等。

2. 企业标准字

企业标准字是将企业名称、企业商标名称略称、活动主题、广告语等进行整体组合而成的字体。

（1）企业标准字特征

① 识别性。

② 可读性。

③ 设计性。

④ 系统性。

（2）企业标准字种类

① 企业名称标准字。

② 产品或商标名称标准字。

③ 标志字体。

④ 广告性活动标准字。

3. 企业标准色

企业标准色是指企业通过色彩的视知觉传达，设定反映企业独特的精神理念、组织机构、营运内容、市场营销与风格面貌状态的色彩。

标准色的开发设定分为以下几个阶段。

（1）调查分析阶段

① 企业现有标准色的使用情况分析。

② 公众对企业现有色的认识形象分析。

③ 竞争企业标准色的使用情况分析。

④ 公众对竞争企业标准色的认识形象分析。

⑤ 企业性质与标准色的关系分析。

⑥ 市场对企业标准色期望分析。

⑦ 宗教、民族、区域习惯等忌讳色彩分析。

（2）概念设定阶段

概念设定如表 5-16 所示。

表 5-16　概念设定

色　彩	色 彩 联 想
红色	积极的、健康的、温暖的……
橙色	和谐的、温情的、任性的……
黄色	明快的、希望的、轻薄的……
绿色	成长的、和平的、清新的……
蓝色	诚信的、理智的、消极的……
紫色	高贵的、细腻的、神秘的……
黑色	厚重的、古典的、恐怖的……
白色	洁净的、神圣的、苍白的……
灰色	平凡的、谦和的、中性的……

（3）色彩形象阶段

通过对企业形象概念及相对应的色彩概念和关键语的设定，进一步确立相应的色彩形象表现系统，如图 5-93 所示。

图 5-93　色彩图

（4）模拟测试阶段

① 色彩具体物的联想、抽象感情的联想及嗜好等心理性调查。

② 色彩视知觉、记忆度、注目性等生理性的效果测试。

③ 色彩在实施制作中，从技术、材质、经济等到物理因素的分析评估。

（5）色彩管理阶段

本阶段主要是对企业标准色的使用，做出数值化的规范，如表色符号、印刷色数值。

（6）实施监督阶段

本阶段主要目标：对不同材质制作的标准色进行审定；对印刷品打样进行色彩校正；对商品色彩进行评估；其他使用情况的资料收集与整理等。

4. 企业辅助图形

辅助图形（图 5-94）是企业识别系统中的辅助性视觉要素，主要包括企业造型、象征图案和版面编排三个方面的设计。

图 5-94　辅助图形

（1）企业造型（又称商业角色或吉祥物、商业标识画）的设计与应用

企业造型是为了强化突出企业或产品的性格特征。而设计的漫画式人物、动物、植物、风景或其他非生命物等，作为企业的具体象征。

企业造型的应用如下。

① 二维媒体，如印刷品。

② 三维媒体，如影视媒体。

③ 户外广告和 POP 广告等，如路牌、车体。

④ 企业公关物品和商品包装，如赠品。

（2）企业象征图形的设计构成

象征图形不是纯装饰性的图案，是企业基本视觉要素的拓展。

企业象征图形的设计题材如下。

① 以企业标志的造型为开发母体。

② 以企业标志或企业理念的意义为开发母体。

（3）版面编排设计

一般的版面包括天头、版心、地脚三大部分，编排的内容要素包括视觉识别系统中的基本要素组合、正文（文字和图）、企业造型等，它们处于版面的不同位置。

版面编排常用以下两种方式表示其结构。

① 直接标示法。

② 符号标志法。

（4）企业视觉识别基本要素的组合方式

根据具体媒体的规格与排列方向，而设计的横排、竖排、大小、方向等不同形式的组合方式。

基本要素组合的内容如下。

① 使目标从其背景或周围要素中脱离出来，而设定的空间最小规定值。

② 企业标志同其他要素之间的比例尺寸、间距方向、位置关系等。

（5）标志同其他要素的组合方式

标志与其他要素的组合方式有以下几种形式。

① 标志同企业中文名称或简称的组合。

② 标志同品牌名称的组合。

③ 标志同企业英文名称全称或简称的组合。

④ 标志同企业名称或品牌名称及企业选型的组合。

⑤ 标志同企业名称或品牌名称及企业宣传口号、广告语等的组合。

⑥ 标志同企业名称及地址、电话号码等信息的组合。

5.5 “山东省博物馆”VI 设计项目检测

1. 填空题

（1）在 Photoshop 中，菜单选项“编辑→自由变换”的快捷键是__________。

（2）选中图层蒙版缩览图，用__________画笔绘画，可使蒙版区域扩大；用__________画笔绘画，可使蒙版区域缩小；用__________画笔绘画，会创建渐隐效果。

（3）使用“钢笔工具”创建路径时，如果在未闭合路径前按住__________键，同时单击线段以外的任意位置，将创建不闭合的路径；借助__________键可以创建 45°角倍数的路径。

2. 选择题

（1）在 Photoshop 中，对选中的图像进行自由变换的快捷键是（　　）。

A. Shift+T　　　　B. Ctrl+T

（2）若利用“吸管工具”设置背景色，则在当前图像目标区域单击时，需按住键盘上的（　　）键位。

A. Shift　　　　B. Alt

（3）Photoshop 中要暂时隐藏图层，可执行以下（　　）操作。

A. 在图层面板中单击当前图层左侧的眼睛图标

B. 按住 Alt 键，在图层面板中单击当图层名称

3. 设计题

依据本项目设计风格和元素，为山东省博物馆设计门票，效果如图 5-95~ 图 5-97 所示。

“山东省博物馆”
门票设计

图 5-95　门票正面图

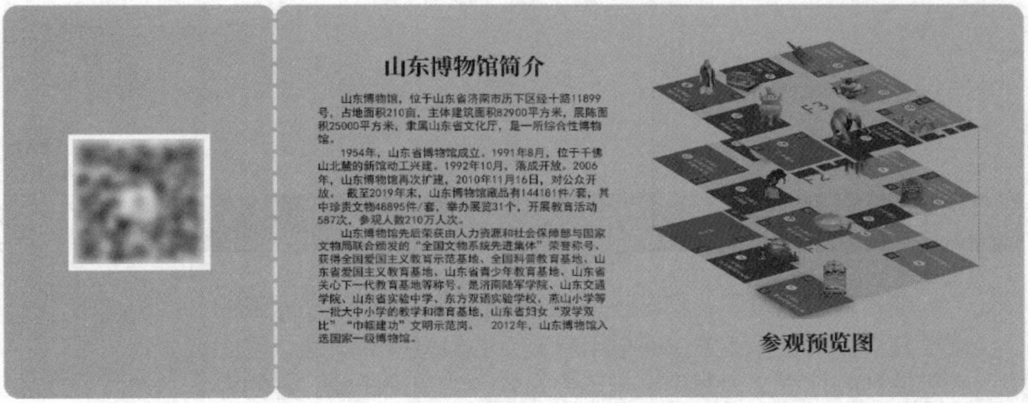

图 5-96　门票反面图

图 5-97　门票效果图

项目 6

知行合一，从做中学

——从繁文素地的宋元青花瓷学“黄河文化”界面设计

项目导入

随着科技的发展，移动设备已经成为用户体验移动网络的重要媒介。App 界面是软件与用户交互的最直接的层面，因此界面设计的视觉呈现效果决定用户对软件的第一印象。好的界面设计能够引导用户自己完成相应的操作，起到良好的向导的作用。本项目通过制作“黄河文化”App 界面设计，了解移动端界面设计的特点、移动设备界面的设计原则、移动端界面的尺寸标准、移动端界面色彩搭配原则、移动端界面的常见设计方法，使读者较清晰地了解移动界面的设计与制作。

黄河文化是中华文明的标志性符号，是一种国家文化，蕴含着中华民族深厚的“天下兴亡、匹夫有责”“命运与共”的家国情怀，具有独特的中国特色。黄河文化的精神内涵主要是指“团结、务实、开拓、拼搏、奉献”精神。我们应坚定文化自信，不断赋予黄河文化新的时代价值，让黄河文化的血脉永久延续。

项目简介

项目描述	该界面设计以保护好、传承好、弘扬好黄河文化为主线，设计了引导页和首页两个页面，尺寸为 750px×1334px，可参考如图 6-1 所示的效果。

设计要求

界面设计提炼黄河文化元素，展现不同层次的黄河之美，燃起人们内心的文化自信和民族自豪感。

样例展示

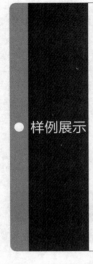

图 6-1 “黄河文化”界面效果图

企业导师寄语

在这个项目中，我们首次接触了界面设计。

界面设计是非常重要的一项工作，在界面设计过程中有很多事项需要注意，通常需要按照流程来完成设计和布置，那么界面设计流程是什么呢？

（1）需求分析。首先要了解市场背景、产品定位、概念，以及客户的需求。一般我们从产品分析、用户画像、需求确认、逻辑流程和竞品分析这五个维度进行分析。

（2）原型设计。原型设计的主要作用是展示产品内容和结构及粗略的布局，说明用户将如何与产品进行交互。

（3）视觉设计。这也是本项目的主要任务，主要分为以下几个步骤。

① UI（用户界面）规划，原型图设计。

② 风格确定。产品的设计风格与配色是相辅相成的，依据产品特性与需求，选择合适的设计风格，更利于提升视觉效果。所以我们需要随时了解最新的设计趋势和风格，分清各个设计风格的特点。

③ 色彩搭配。配色在视觉设计中所发挥的作用是不言而喻的，了解各种颜色或者色相的气质和情感属性，在具体设计时，进一步根据品牌的气质和需求，再在色相的基础上调整明暗和饱和度。

④ 素材搜集与整理。素材的来源：一是客户提供的主题、文案和相关图

片；二是依据客户的要求搜集的字体、图片、修饰元素等。在素材的选择上，要注意版权问题。

⑤ 软件制作。使用 Photoshop 工具实现“黄河文化”界面设计的效果图制作。

（4）设计评审。设计评审是一种可用性测查工具，通常审查设计方案中的可用性问题。

（5）切图标注。切图与标注是为了能够满足开发人员对于效果图的高度还原需求。通常只需要对 icon 与图片进行切图即可，文字、线条和一些标准的几何形状是不需要切图的，开发工程师可以用代码实现。

（6）设计验证。设计方案在上线后，设计师要关注该设计方案是否达到了项目初期所设定的各项指标，如 PV、UV、IP 等。

学习目标

1. 素质目标

（1）培养学生行业规范意识及团队协作、精益求精的职业素养。
（2）培养学生素材整理、文件保存等良好的职业习惯。
（3）培养学生形成高尚的审美素养和精神境界。
（4）增强学生文化自觉和文化自信，厚植中华民族情感。

2. 知识目标

（1）了解界面设计的规范。
（2）了解界面设计常用的布局方式。
（3）理解蒙版的概念，掌握图层蒙版的类型。
（4）了解常见形状的绘制方法，理解布尔运算。
（5）理解常见的调色滤镜的参数。
（6）理解不同图层样式的含义。

3. 能力目标

（1）能掌握不同操作系统的界面设计规范。
（2）能根据界面的主题选择合适的布局方式。
（3）能正确运用图层蒙版。
（4）能创建常见的形状，并正确地使用布尔运算。
（5）能正确地使用不同的调色滤镜对图片进行调色。
（6）能对界面中的文字进行排版。
（7）能根据需要正确运用图层样式。

6.1 “黄河文化”界面设计项目工单

“黄河文化”界面设计项目书如表 6-1 所示。

表 6-1　“黄河文化”界面设计项目书

<table>
<tr><td>实训项目</td><td colspan="3">项目 6　“黄河文化”界面设计</td></tr>
<tr><td>项目编号</td><td></td><td>实训日期</td><td></td></tr>
<tr><td>项目学时</td><td></td><td>实训工位</td><td></td></tr>
<tr><td>实训场地</td><td></td><td>实训班级</td><td></td></tr>
<tr><td>序号</td><td>实训需求</td><td colspan="2">功　能</td></tr>
<tr><td>1</td><td>高速网络环境</td><td colspan="2">搜集素材、查阅资料</td></tr>
<tr><td>2</td><td>Photoshop CC 软件</td><td colspan="2">项目设计</td></tr>
<tr><td colspan="4">实训过程记录</td></tr>
<tr><td>步骤</td><td>设计流程</td><td>操作要领</td><td>标准规范</td></tr>
<tr><td>1</td><td>整体设计（色彩、版式、文案、风格）</td><td></td><td></td></tr>
<tr><td>2</td><td>素材搜集整理</td><td></td><td></td></tr>
<tr><td>3</td><td>引导页设计</td><td></td><td></td></tr>
<tr><td>4</td><td>首页 banner 设计</td><td></td><td></td></tr>
<tr><td>5</td><td>首页图标设计</td><td></td><td></td></tr>
<tr><td>6</td><td>首页标签栏设计</td><td></td><td></td></tr>
<tr><td>7</td><td>其他板块设计</td><td></td><td></td></tr>
<tr><td>8</td><td>最终效果调整</td><td></td><td></td></tr>
<tr><td>9</td><td>整体设计（色彩、版式、文案、风格）</td><td></td><td></td></tr>
<tr><td colspan="4">安全注意事项</td></tr>
<tr><td>人员安全</td><td colspan="3">注意电源，保证个人实训用电安全</td></tr>
<tr><td rowspan="3">设备安全</td><td colspan="3">正确启动实训室电源，正确开关机</td></tr>
<tr><td colspan="3">认真填写实训工位实习记录（设备的维护，油墨）</td></tr>
<tr><td colspan="3">禁止将水杯、零食、电子通信设备等物品带入实训室</td></tr>
<tr><td>编制</td><td></td><td>核准</td><td>审核</td></tr>
</table>

“黄河文化”界面设计任务分配如表 6-2 所示。

表 6-2 “黄河文化”界面设计任务分配表

班级名称		团队名称		指导教师	
队长姓名		学生姓名		企业导师	
团队成员					

“黄河文化”界面设计项目分析如表 6-3 所示。

表 6-3 “黄河文化”界面设计项目分析表

诉求分析	
风格选择	
配色方案	
页面布局	
文字编排	
版式	
图标	
标签	

“黄河文化”界面设计综合评价如表 6-4 所示。

表 6-4 “黄河文化”界面设计综合评价表

模块	环节	评价内容	评价方式	考核意图	分值
知识目标	课前 （0~10 分）	界面设计的原则	平台数据	提高学生自主学习能力	
	课中 （0~10 分）	界面设计的原则和规范；色彩搭配的基础知识；Photoshop 中图层蒙版、通道等概念的理解；文字编排的知识	教师评价 学生自评 团队评价 平台数据	查看学生对知识的掌握程度，以及知识迁移能力	
	课后 （0~5 分）	色彩的情感、不同风格的视觉感受、版式设计	教师评价 学生自评 平台数据	拓展丰富设计必备知识	
能力目标	课前 （0~10 分）	课前学习、案例和素材搜集	平台数据 团队评价	提升案例分析、借鉴、和素材搜集能力	
	课中 （0~30 分）	色彩、风格、版式、元素运用	教师评价 企业评价 团队评价 学生自评 平台数据	提高设计思路	
		Photoshop 剪贴蒙版、图层样式、抠图、调色等操作		提高软件操作能力	
		进一步深化作品		解决问题的能力	
		在样例基础上创新制作		逐步培养创新能力	
		文案搜集和编写		提升文案编写能力	
		素材管理、图层管理		培养文件归档、整理能力	
	课后 （0~5 分）	总结技术运用、规范学习、设计创新等方面收获	教师评价 学生自评 平台数据	培养总结能力	
素质目标	课前 （0~5 分）	爱岗敬业精神、提高版权法律意识	教师评价 学生自评 平台数据	增强行业法律意识	
	课中 （0~15 分）	团队协作、精益求精、敢于创新		提升职业素养	
	课后 （0~15 分）	文化自信、审美能力		提升民族文明自信心	

“黄河文化”界面设计作品评价如表 6-5 所示。

表 6-5 “黄河文化”界面设计作品评价表

评价类型	评价项目	评价标准	自评（30%）	团队评（30%）	师评（20%）	企评（20%）
客观评价	文件整理（10 分）	界面尺寸（750×1334）规范、颜色模式、分辨率符合要求（0~3 分）				
		合理归档素材和文件（0~4 分）				
		文件存储为 PSD 格式，命名简约规范（0~3 分）				
	文字编排（10 分）	能正确表达主题含义（0~3 分）				
		无文法、语法错误，无错别字、繁体字（0~3 分）				
		字体应用合理无侵权，字号设置合理（0~4 分）				
	界面设计（40 分）	色彩搭配合理，层次清晰（0~4 分）				
		选用风格适合表现主题特色（0~4 分）				
		文字的编排有节奏感，层级设置合理（0~6 分）				
		应用图像符合要求，并适当运用技术处理（0~6 分）				
		信息的可读性强，能吸引用户（0~4 分）				
		图标的识别性高（0~4 分）				
		界面各板块功能清晰明确（0~4 分）				
		界面控件设计大小合理，视觉舒适（0~4 分）				
		整体界面布局符合用户的使用习惯（0~4 分）				
主观评价	创新（40 分）	作品设计符合界面设计项目需求（0~8 分）				
		作品设计色彩使用合理，与风格相搭配（0~8 分）				
		布局、样式灵活有创意（0~8 分）				
		图像处理有特色，有原创素材（0~8 分）				
		作品整体效果好，有极强的视觉冲击力（0~8 分）				

6.2 “黄河文化”界面设计项目准备

（1）在黄河文化界面设计项目设计之初，团队分工搜集到哪些关于界面设计的布局规范？

（2）团队在借助网络搜集同类作品案例时，观察到的常用界面布局方式有哪几种？

（3）通过团队合作搜集到哪些关于“黄河文化”主题的文案，以及界面设计所需的图片资源、视频资源、装饰元素、画笔笔形等？

（4）界面设计的字体规范有哪些？

（5）形状工具组有哪几种模式？包含哪几种工具？

（6）常用的界面配色原则有哪些？

6.3 “黄河文化”界面设计项目实施

6.3.1 “黄河文化”界面设计方案

1. 需求分析

界面设计是人与机器之间传递和交换信息的媒介，所以界面设计以用户的需求为中心。

- 整体风格突出黄河文化的精神内涵。
- 界面布局清晰、设计合理，符合用户习惯。
- 色彩搭配符合视觉规律，主色要与整个风格协调一致。
- 图片、视频等素材具有代表性，能体现黄河独特的风光。

2. 设计构思

界面主题色选用了土黄色，与黄河主题相得益彰。界面背景采用淡黄色的水墨画图案，具有中国传统风格特点。引导页运用笔刷蒙版展示了黄河九曲风光，给用户留下良好的第一印象。底部按钮便捷醒目，形状古色古风。首页采用了卡片式布局，有利于我们对不同信息内容进行有序的整理，并且使整个界面看起来更加整洁。

主功能图标采用单色带透明渐变，通过弱透明度来制造视觉层次。图片色调的调整，使整个页面协调统一。二级旅游页面整个色调延续了首页界面的风格，但在 banner 部分增加了弧形，使界面更加灵动。

3. 配色方案

“黄河文化”界面配色方案如表 6-6 所示。

表 6-6 “黄河文化”界面配色方案

配色方案	主色	辅色	点睛色
RGB	197，147，60	166，154，130	136，153，196
视觉印象	主色的土黄色象征了黄河、黄土、黄种人；淡黄色水墨山水背景图片，凸显了中国风特点；界面中图标、按钮等设计也运用了黄河文化元素。整个界面设计给人一种古朴的感觉，凸显了黄河文化的精神内涵		

4. 布局结构

采用了卡片式布局，卡片式设计作为当前界面设计的主流模式，它有利于增加空间利用率，提升可操作性，便于信息分层和整合。

5. 风格

本案例采用了古朴的中国风设计风格，并引用了毛笔笔刷、中式窗格图案、黄河标志等元素进行设计，更加烘托了中国风风格。

6.3.2 “黄河文化”界面设计引导页制作

1. 制作背景

“黄河文化”界面设计引导页制作微课

（1）新建文件，命名为“引导页”，大小为 750 像素 × 1344 像素，分辨率为 72 像素 / 英寸，打开素材“背景 .jpg”，使用“移动工具”移至引导页文件中，命名为“山水背景”，按 Ctrl+T 组合键调整该图层的大小和位置。

（2）打开素材“中国风水墨笔刷 .jpg”，使用“移动工具”移动至当前文件中，命名为“笔刷”。打开素材“黄河九曲第一湾 .jpg”，移至当前文件中，命名为“黄河九曲第一湾”，位于“笔刷”图层上方。

（3）在“黄河九曲第一湾”图层上右击，选择“添加剪贴蒙版”或者在“黄河九曲第一湾”图层的下方，按住 Alt 键，当鼠标光标样式变为时单击，添加剪贴蒙版，效果如图 6-2 所示，图层面板如图 6-3 所示。

（4）选择“直排文字工具”，设置字体为“仿宋”，字号为“38 点”，颜色为“白色”，在“字符”面板中设置“加粗”，输入文字“九曲黄河万里沙，浪淘风簸自天涯”，效果如图 6-4 所示。

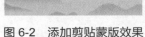

图 6-2　添加剪贴蒙版效果

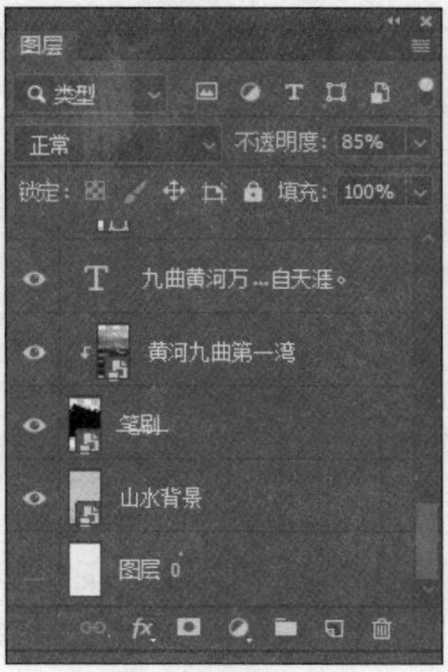

图 6-3　图层面板

图 6-4　输入文字后的效果

（5）选择“圆角矩形工具”，模式为“形状”，在“属性”面板中设置半径为 10 像素，大小为 270 像素 ×64 像素，绘制圆角矩形，将图层命名为“圆角矩形”，属性面板设置如图 6-5 所示。

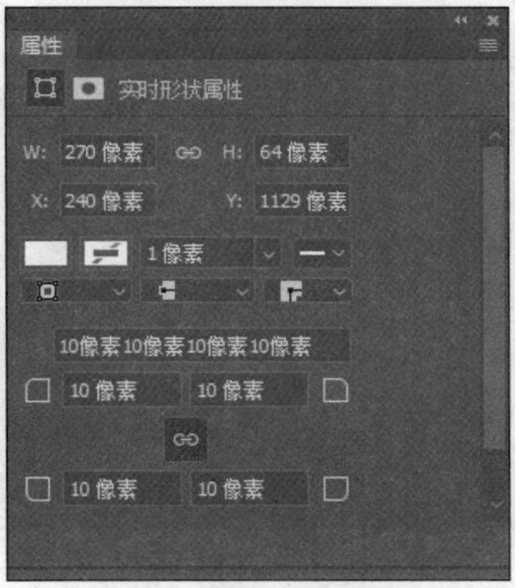

图 6-5　圆角矩形属性图

（6）在工具属性栏中设置“路径操作”为“合并形状”，在圆角矩形的左侧再次绘制圆角矩形，设置大小为 20 像素 ×40 像素，半径不变。使用“路径选择工具”，按住 Alt 键复制并移动到圆角矩形右侧，绘制按钮效果。

（7）使用“路径选择工具”选中三个圆角矩形，在工具选项栏中设置“垂直居中”对齐，合并路径组件。设置填充色为“白色”，描边为“无”，透明度为 40%。

（8）拖动“圆角矩形”图层到“创建新图层”按钮，自动生成“圆角矩形”拷贝图层，按 Ctrl+T 组合键进入“变换”状态，按 Alt+Shift 组合键将该图层从中心等比例缩放，设置填充为“无”，描边色为 #754c24，宽度为 0.4 点。

（9）选择“横排文字工具”，设置字体为“仿宋”，字号为“38 点”，颜色为“黑色”，输入“开启黄河之旅”。

（10）选择“椭圆工具”，模式为“形状”，填充色为#FFFFFF，描边为“无”，按 Shift 键绘制正圆，大小为 15 像素 ×15 像素。按 Alt 键复制并移动，得到第二个滑动点，再次复制滑动点，设置填充色为“黑色”，滑动点效果如图 6-6 所示。

图 6-6　添加按钮后的效果

2. 状态栏

（1）选择工具箱中的“圆角矩形工具”，设置工具模式为“形状”，填充为黑色，描边为无，设置“半径”为 4.5 像素，绘制合适大小的圆角矩形。依次复制 3 个圆角矩形并调整合适的高度，绘制出信号强度效果，如图 6-7 所示。

图 6-7　信号强度效果

（2）新建文件，设置文档大小为 600 像素 ×600 像素，分辨率为 300 像素 / 英寸，执行菜单“视图”→“标尺”，显示标尺，在标尺中拖动出两条参考线，效果如图 6-8 所示。

图 6-8　参考线

（3）选择工具箱中的“椭圆工具”，设置工具模式为“形状”，填充为“黑色”，描边为“无”，在画布的中心单击，打开“创建椭圆”对话框，设置宽度和高度为“300 像素”，勾选“从中心”，属性设置如图 6-9 所示，单击“确定”按钮，效果如图 6-10 所示。

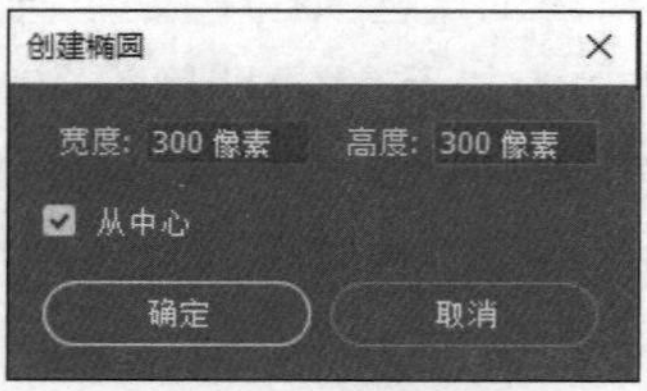

图 6-9　“创建椭圆”对话框

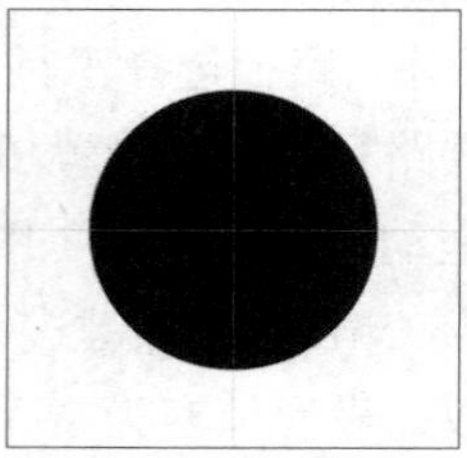

图 6-10　绘制圆形

（4）选择“路径选择工具”，选中该圆形，按 Ctrl+Alt+T 组合键复制并变换，在工具属性栏中设置缩放为 80%，双击“确定”按钮，设置“路径模式”为“减去顶层形状”，效果如图 6-11 所示。

（5）选择“路径选择工具”，选中圆环内的路径，按 Ctrl+Alt+T 组合键复制并变换，在工具属性栏中设置缩放为 80%，双击确定，设置“路径操作”为“合并形状”，效果如图 6-12 所示。

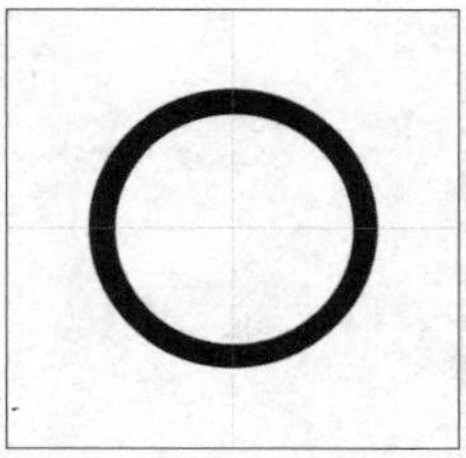

图 6-11　圆环效果

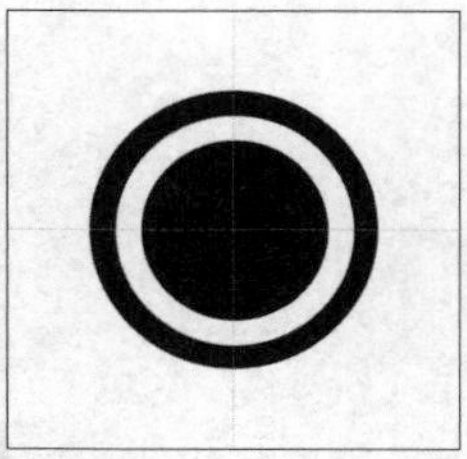

图 6-12　合并形状后效果

（6）重复执行步骤（4）和步骤（5），得到如图 6-13 所示效果。选择“矩形工具”，设置“路径模式”为“减去顶层形状”，将圆环右侧和下侧减去，得到如图 6-14 所示效果。按 Ctrl+T 组合键旋转 45°，选择“合并形状组件”得到如图 6-15 所示 WiFi 效果。

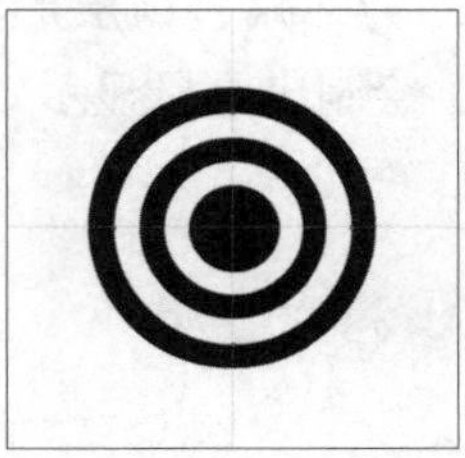

图 6-13　重复圆环效果

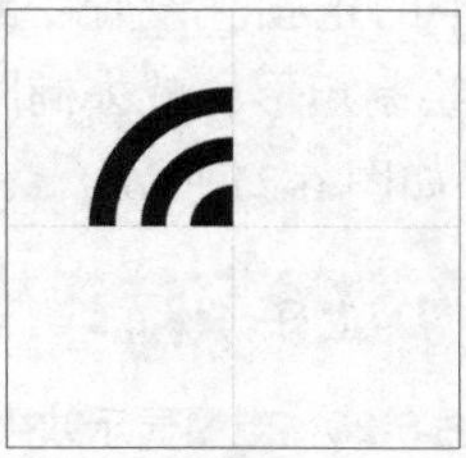

图 6-14　减去矩形效果

图 6-15　WiFi 效果

（7）使用“移动工具”将 WiFi 效果移至“引导页”文档中，按 Ctrl+T 组合键调整合适的大小和位置。

（8）选择“横排文字工具”，设置字体为“思源黑体”，大小为“30 点”，分别输入“上午 9:27”和 60%，效果如图 6-16 所示。

图 6-16　输入文字后效果

（9）选择工具箱中的“圆角矩形工具”，设置工具模式为“形状”，填充为“无”，描边为“黑色”、宽度为 2，设置“半径”为“4 像素”，绘制电量显示外轮廓，效果如图 6-17 所示。

图 6-17　电量外轮廓效果

（10）选择工具箱中的“圆角矩形工具”，设置工具模式为“形状”，填充为“黑色”，描边为“无”，设置“半径”为左边“4 像素”，右边“0 像素”，绘制内电量效果，效果如图 6-18 所示，属性面板如图 6-19 所示。

图 6-18　内电量效果

图 6-19　属性面板设置

（11）选择工具箱中的“椭圆工具”，设置工具模式为“形状”，填充为黑色，描边为无，按 Shift 键绘制合适大小的正圆。设置“路径操作”为“减去顶层形状”，选择“矩形工具”在原型的左侧绘制矩形，减去椭圆的左侧，绘制出电量显示效果，如图 6-20 所示。引导页整体效果如图 6-21 所示。

图 6-20　电量显示效果

图 6-21　引导页整体效果

完成引导页制作后，请进行评价，“引导页”评价表如表6-7所示。

表6-7　“引导页”评价表

评 价 指 标	自评（√）	师评（√）	团队评（√）
能对山水背景进行大小、位置调整			
能利用笔刷设置剪贴蒙版			
能创建文字图层，并对文字进行字体、字号、颜色的设置			
能利用形状工具制作按钮			

6.3.3 “黄河文化”界面设计首页制作

首页分为状态栏、搜索栏、导航栏、banner海报、图标、黄河动态、标签栏七部分，案例解析按照从上到下的顺序进行，其中状态栏的操作和引导页相同，在首页中不再进行讲解。

“黄河文化”界面设计首页制作微课

1. 新建文件

（1）执行菜单“文件”→“新建”，新建文档，设置宽度750像素，高度1344像素，分辨率72像素/英寸，色彩模式为RGB，命名为“首页”，设置如图6-22所示。

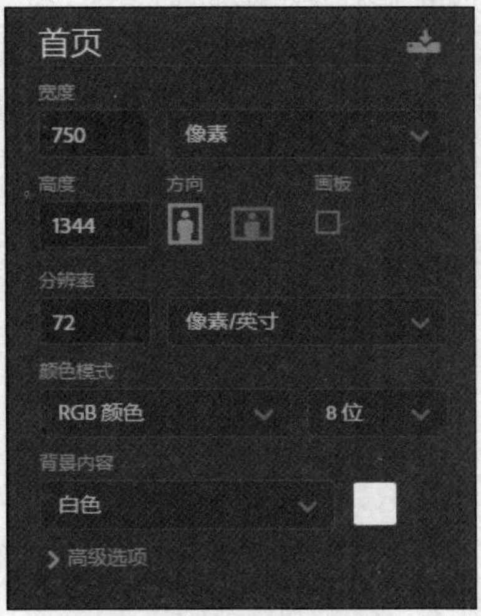

图6-22　新建文档设置

（2）打开素材“背景.png”，使用移动工具将该素材移至新建文档中，图层名称设置为“首页背景”，效果如图6-23所示。选择“图层”面板底部的“添加新的填充或调整图层”按钮，在弹出的菜单中选择“曲线”，将曲线向左上方拖动，提高“首页背景”亮度，曲线属性设置如图6-24所示，“图层”面板设置如图6-25所示。

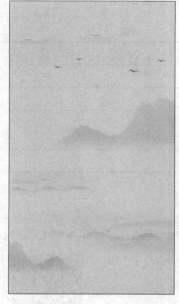

图 6-23　首页背景效果

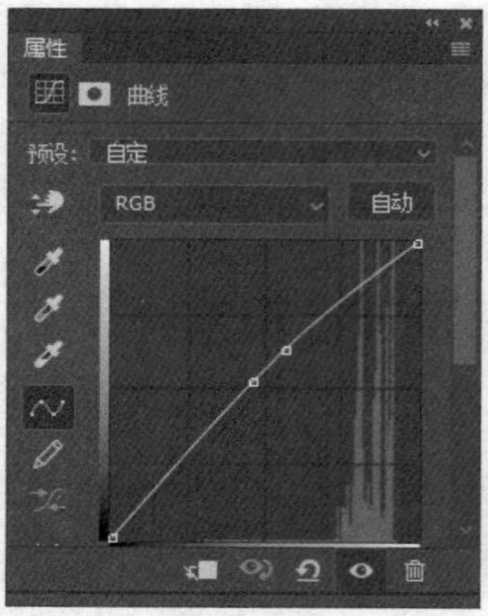

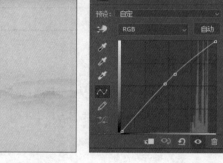

图 6-24　曲线属性设置

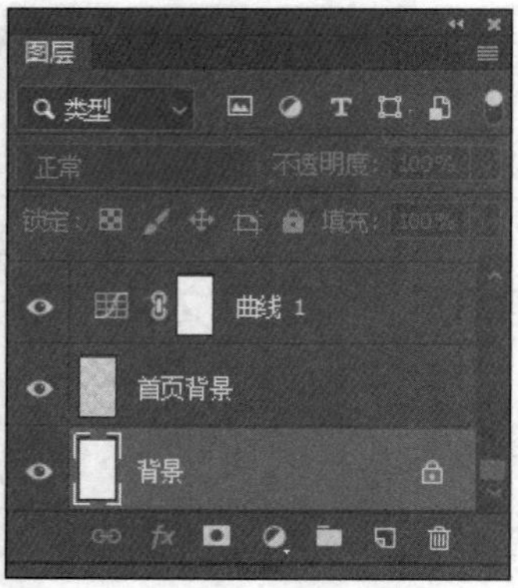

图 6-25　“图层”面板设置

2. 搜索栏

（1）打开素材“山 .png”，使用移动工具将该素材移至文档中，放置在画布顶端，按 Ctrl+T 组合键调整至合适的大小，将图层重命名为“山”。设置图层混合模式为“线性加深”，不透明度为 40%，如图 6-26 所示。

（2）新建图层，将图层命名为“矩形”，选择“矩形选框工具”，在画布顶端绘制高度为 140 像素的矩形选区，设置前景色为 #c5933c，按 Alt+Del 组合键填充前景色，设置混合模式为“正片叠底”，如图 6-27 所示。

（3）按 Ctrl 键的同时单击图层“矩形”缩览图，载入选区，选中图层“山”，单击“图层”面板下方的“添加图层蒙版”按钮，添加图层蒙版，使选区外的图像隐藏。

（4）选择“横排文字工具”，设置字体为“华文行楷”，字号为“40 点”，字体颜色为“白色”，输入“黄河文化”。

（5）选择“圆角矩形工具”，选择工具模式为“形状”，填充色为“白色”，描边为“无”，在属性面板中设置“半径”为“28 像素”，绘制合适大小的圆角矩形，在图层面板中设置“不透明度”为 40%，绘制搜索框。

（6）选择“椭圆工具”，设置工具模式为“形状”，填充色为“无”，描边颜色为 #676767，宽度为“1.5 点”，按住 Shift 键绘制正圆；选择“直线工具”，设置工具模式为“形状”，填充色为无，描边颜色为 #676767，粗细为“2 像素”，在圆形右下方绘制直线，制作出搜索图标效果。

（7）打开素材“客服 .png”，将素材移至文档中，按 Ctrl+T 组合键调整大小和位置，搜索栏制作完毕，效果如图 6-28 所示。

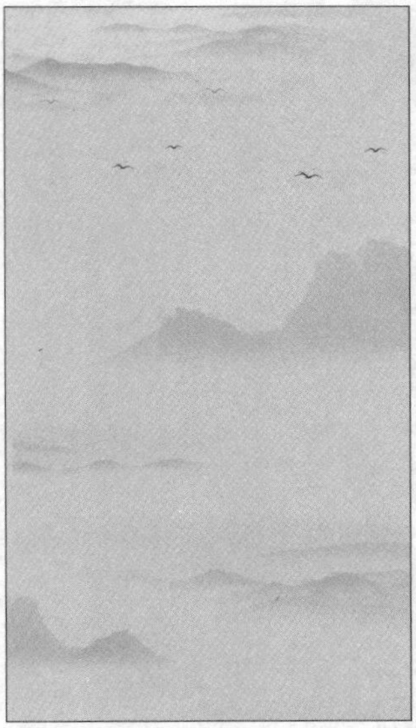

图 6-26　添加“山”后效果

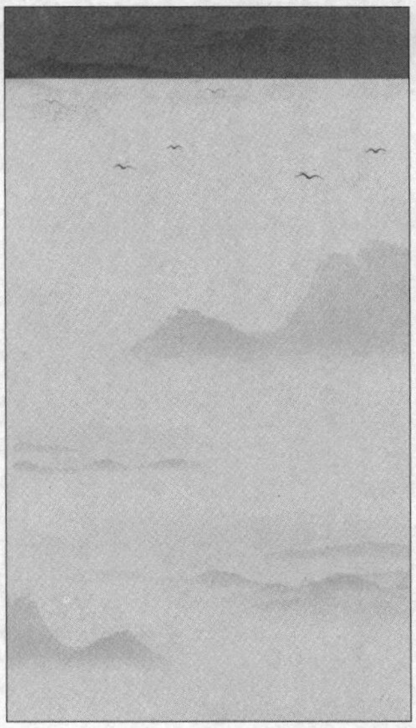

图 6-27　绘制“矩形”后效果

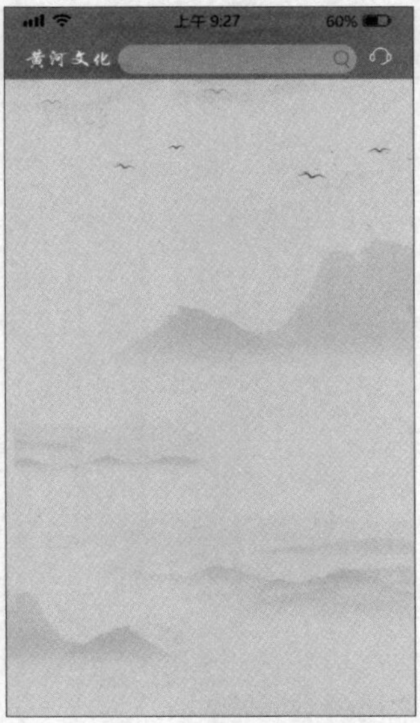

图 6-28　添加“搜索栏”后效果

完成搜索栏制作后，请进行评价，“搜索栏”评价表如表 6-8 所示。

表 6-8　“搜索栏”评价表

评价指标	自评（√）	师评（√）	团队评(√)
能用设置图层混合模式，实现背景与图片的融合			
能添加图层蒙版，使选区外的图像隐藏			
能使用圆角矩形工具绘制搜索框			
能使用直线工具绘制搜索图标			
能创建文字图层，并对文字进行字体、字号、颜色的设置			

3. 导航栏

（1）选择“横排文字工具”，依次输入“推荐、历史、旅游、文化、视频”，设置字体为“思源黑体”“加粗”，“推荐”的字号为“36 点”，文字颜色为 #000000，其余文字字号为“28 点”，文字颜色为 #666666。

（2）选择“椭圆工具”，设置工具模式为“形状”，填充色为 #d1a544，描边为“无”，在“推荐”左上角按住 Shift 键绘制合适大小的正圆形。

（3）选择“矩形工具”，设置工具模式为“形状”，填充色为 #d1a544，描边为“无”，按 Shift 键绘制合适大小的正方形，按 Alt 键依次复制三个正方形，选中右上角的正方形，按 Ctrl+T 组合键设置旋转度数为 45°，导航栏效果如图 6-29 所示。

完成导航栏制作后，请进行评价，“导航栏”评价表如表 6-9 所示。

图 6-29 添加导航栏效果

表 6-9 “导航栏”评价表

评 价 指 标	自评（√）	师评（√）	团队评（√）
能创建文字图层，并对文字进行字体、字号、颜色的设置			
能使用椭圆工具绘制正圆			
能使用矩形工具绘制正方形并进行复制和旋转			

4. 制作 Banner

（1）选择“圆角矩形工具”，选择工具模式为“形状”，填充色为“黄色”，描边为“无”，在属性面板中设置“半径”为“30 像素”，绘制 690 像素 ×382 像素的圆角矩形，效果如图 6-30 所示。

（2）打开素材“壶口瀑布 1.jpg”，使用移动工具将该素材移至文档中，将图层命名为“壶口瀑布”，位于图层“圆角矩形”上方，按 Ctrl+T 组合键调整合适的大小和位置，执行菜单“图层”→“创建剪贴蒙版”，效果如图 6-31 所示，图层面板如图 6-32 所示。

（3）选择“椭圆工具”，设置工具模式为“形状”，填充色为 #cccccc，描边为“无”，按 Shift 键绘制正圆，大小为 15 像素 ×15 像素。按 Alt 键复制并移动，得到第二个滑动点，再次复制滑动点，设置填充色为“黑色”，制作滑动点效果。

（4）选择“椭圆工具”，设置工具模式为“形状”，填充色为“白色”，描边为“无”，按 Shift 键绘制合适大小正圆，在“图层”面板中设置“不透明度”为 50%。按 Alt 键移动并复制正圆形至圆形下方，使用“直排文字工具”输入“黄河”，Banner 效果如图 6-33 所示。

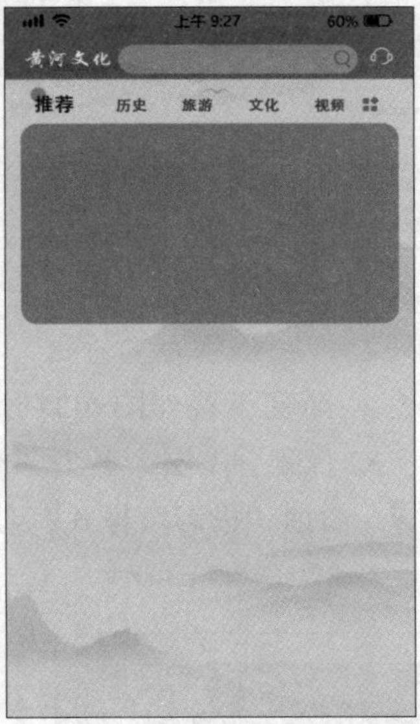

图 6-30　绘制“圆角矩形”后效果

图 6-31　添加“剪贴蒙版”后效果

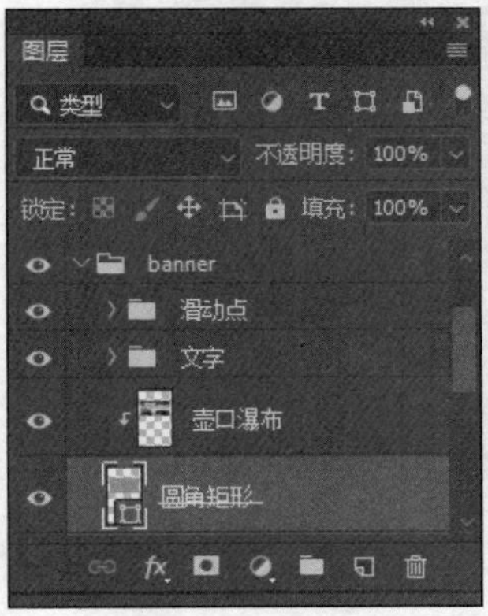

图 6-32　图层设置

图 6-33　Banner 效果

完成 Banner 制作，请进行评价，“Banner”评价表如表 6-10 所示。

表 6-10　“Banner”评价表

评 价 指 标	自评（√）	师评（√）	团队评（√）
能为图片创建圆角矩形剪贴蒙版			
能使用椭圆工具绘制正圆，并对其进行复制及透明度的调整			
能创建文字图层，并对文字进行字体、字号、颜色的设置			

5. 制作图标

（1）单击“图层”面板下方的“创建新组”按钮，将新建组命名为“图标”。选择“圆角矩形工具”，设置工具模式为“形状”，填充色为“白色”，描边为“无”，在属性面板中设置“半径”为“30 像素”，绘制 690 像素 ×300 像素的圆角矩形，图层命名为“图标背景”。

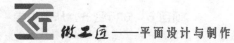

（2）选中图层“图标背景”，单击“图层”面板下方的“添加图层样式”按钮，添加“外发光”和“投影”样式，参数设置如图 6-34、图 6-35 所示，效果如图 6-36 所示。

（3）选择“椭圆工具”，设置工具模式为“形状”，填充色为“渐变”，设置颜色为 #cc9f3a 到 #b5793e 的线性渐变，角度为 145°，渐变设置如图 6-37 所示，描边为“无”，按 Shift 键绘制正圆，大小为 83 像素 ×83 像素，图层命名为“椭圆 1”，单击“图层”面板下方的“添加图层样式”按钮，添加“投影”样式，参数设置如图 6-38 所示。

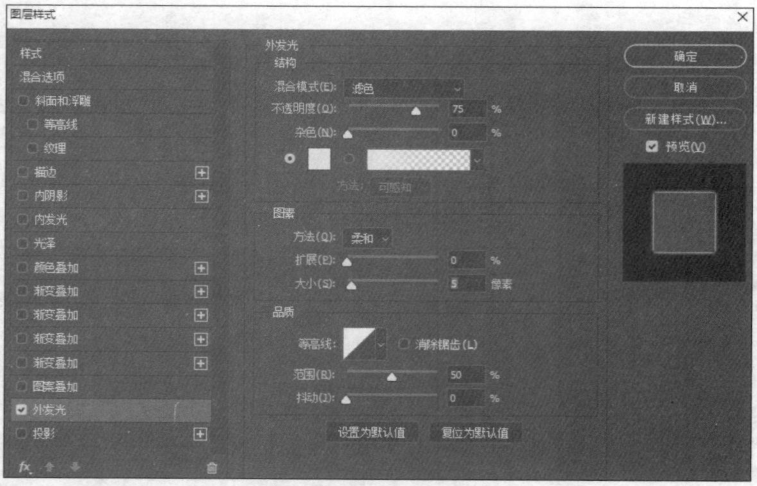

图 6-34 “外发光”设置

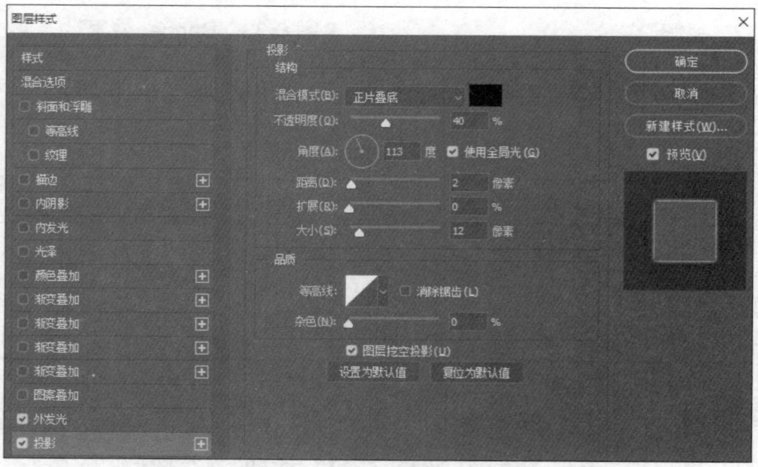

图 6-35 “投影”设置

图 6-36　“图标背景”效果

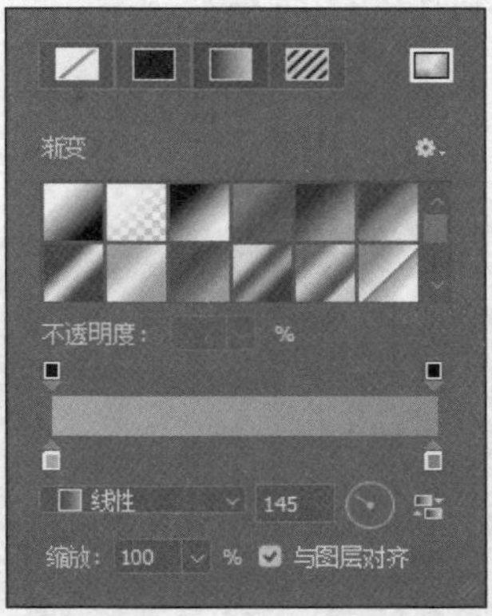

图 6-37　渐变填充设置

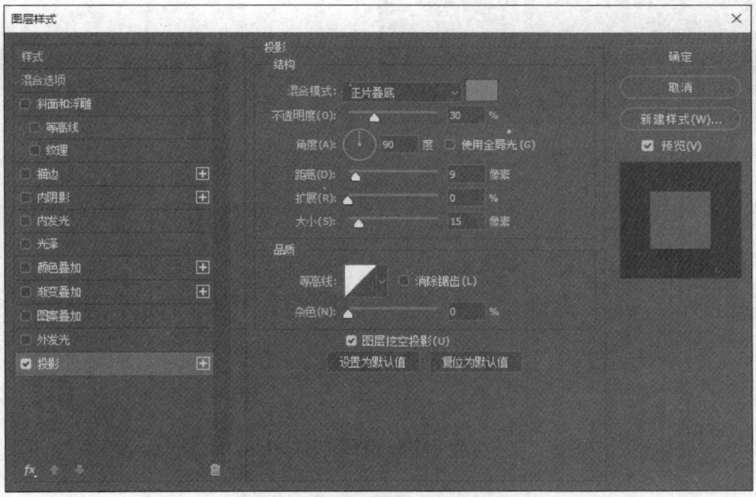

图 6-38　“投影”参数设置

（4）选择“多边形工具”，设置工具模式为“路径”，“边”为 5，在路径选项中勾选“星形”，路径选项设置如图 6-39 所示，拖动鼠标绘制五角星形路径。

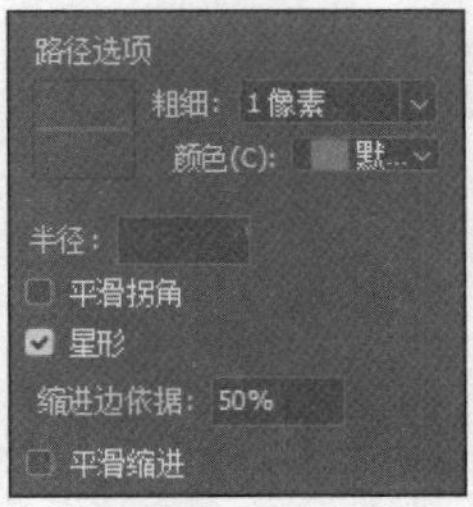

图 6-39　路径选项设置

（5）单击“路径”面板中的“将路径作为选区载入”按钮，将路径转换为选区，选择“选择”→“修改”→“平滑”命令，设置“取样半径”为 2 像素，单击“确定”按钮。

（6）单击“图层”面板下方的“创建新图层”按钮，将图层命名为“黄河历史”，将前景色设置为白色，按 Alt+Del 组合键填充前景色。双击“黄河历史”图层空白处，打开“图层样式”对话框，选择样式“渐变叠加”，单击渐变

，打开“渐变编辑器”，设置左边色标颜色为 #ffffff，位置为 66%；右边色标颜色为 #dec18f，位置为 90%，不透明度为 92%，角度为 − 90° 。渐变编辑器设置如图 6-40 所示，图标效果如图 6-41 所示。

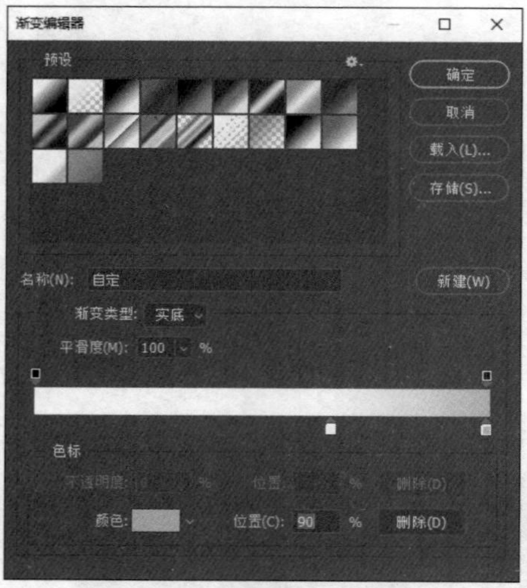

图 6-40 渐变编辑器设置

图 6-41 图标 1 效果

（7）选择“横排文字工具”，设置字体为“思源黑体”，字号为“22 点”，文字颜色为 #333333，输入“黄河历史”。

（8）参照步骤（4）~ 步骤（7）的操作，分别制作其余图标，效果如图 6-42 所示。

图 6-42 图标整体效果

完成图标制作后，请进行评价，“图标设计”评价表如表 6-11 所示。

表 6-11　“图标设计”评价表

评 价 指 标	自评（√）	师评（√）	团队评（√）
能创建圆角矩形制作图标栏目卡片形状			
能使用椭圆工具绘制正圆，并填充渐变色制作图标背景形状			
能使用形状工具及布尔运算绘制图标形象			
能为图标设置阴影、渐变等图层样式			
能使图标整体风格统一，视觉协调			
能够对图标进行创新设计			

6. 黄河动态

（1）选择“自定形状工具”，在工具选项栏中的“形状”中选择“雨滴”，如图 6-43 所示，设置工具模式为“形状”，绘制合适大小的雨滴形状，将图层命名为“雨滴”。

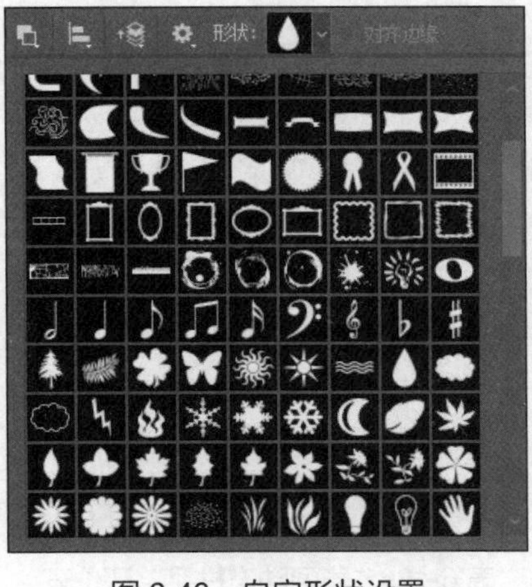

图 6-43　自定形状设置

（2）在“椭圆 1”图层上右击，选择“复制形状属性”，在图层“雨滴”上右击，选择“粘贴形状属性”，添加同样的渐变填充效果，使用“横排文字工具”输入文字“黄河动态”，字体为“思源黑体”，字号为“36 点”，文字颜色为 #333333。

（3）使用“横排文字工具”输入文字“查看更多 >”，字体为“思源黑体”，字号为“22 点”，文字颜色为 #666666。效果如图 6-44 所示。

（4）选择“圆角矩形工具”，选择工具模式为“形状”，填充色为 #d1a544，描边为“无”，在属性面板中设置“半径”为“30 像素”，绘制 690 像素 ×250 像素的圆角矩形，如图 6-45 所示。

（5）打开素材“宁夏沙坡头景区”，使用“移动工具”移至该文档中，将图层命名为“沙坡头”，按 Ctrl+T 组合键调整合适的位置和大小，在图层上右击选择“添加剪贴蒙版”命令，做出如图 6-46 所示的图片效果。

图 6-44　水滴及文字效果

图 6-45　添加“圆角矩形”后的效果

图 6-46　“黄河动态”整体效果

（6）选择“椭圆工具”，设置工具模式为“形状”，填充色为 #ffffff，描边为“无”，按 Shift 键绘制正圆，大小为 10 像素 ×10 像素。按 Alt 键复制并移动，得到第二个滑动点，设置图层不透明度为 50%，继续复制其余 3 个圆点。

（7）使用“横排文字工具”，设置字体为“思源黑体”，字号为“16 点”，文字颜色为 #ffffff，依次输入“看大河工匠的四季”“托起幸福河建设的梦想”“红旗映大河 故道展新姿”“中华人民共和国黄河保护法”“守好中华民族的母亲河”，做出如图 6-45 所示效果。

完成黄河动态制作后，请进行评价，“黄河动态栏目”评价表如表 6-12 所示。

表 6-12　“黄河动态栏目”评价表

评 价 指 标	自评（√）	师评（√）	团队评（√）
能使用“自定形状工具”绘制雨滴形象			
能为图片创建圆角矩形剪贴蒙版			
能创建文字图层，并对文字进行字体、字号、颜色的设置			
能使用椭圆工具绘制正圆，制作多个滑动点			

7. 标签栏

（1）执行菜单“文件”→“新建”，设置宽度 7 厘米，高度 7 厘米，分辨率 300 像素 / 英寸。执行菜单“视图”→“显示”→“网格”→“编辑”→“首选项”→“参考线、网格和切片”，设置网格为 166 像素。

（2）选择“钢笔工具”，选择工具模式为“形状”，描边色为“黑色”，宽度为“25 像素”，描边选项设置端点为“圆形”，角点为“圆形”，填充为“无”，在画布中依次单击，绘制如图 6-47 所示“首页”图标效果。

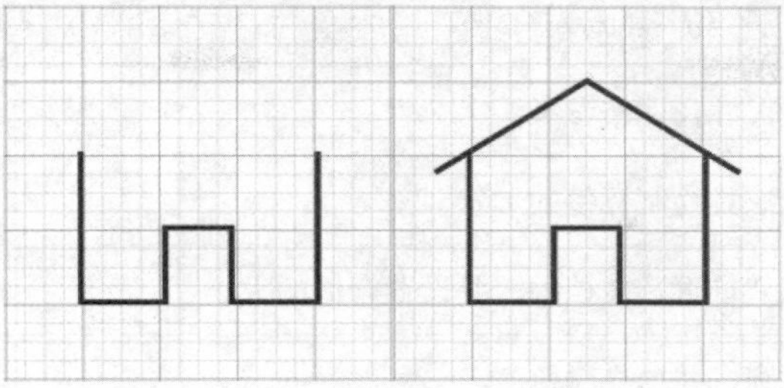

图 6-47 “首页”图标效果

（3）在“首页”文档中，单击“创建新组”，命名为“标签”，选择“矩形工具”，选择工具模式为“形状”，填充色为 #ffffff，描边为无，在画布中单击，设置矩形宽度为 750 像素，高度为 95 像素，单击确定，使用“移动工具”将绘制好的图标移至“首页”文档中，按 Ctrl+T 组合键调整合适的大小和位置，效果如图 6-48 所示。

（4）选择“椭圆工具”，设置工具模式为“形状”，填充色为 #d1a544，描边为“无”，按 Shift 键绘制大小合适的正圆形，效果如图 6-49 所示。

（5）使用“横排文字工具”输入“首页”，字体为“思源黑体”，字号为“22 点”，文字颜色为 #333333。

（6）参照步骤（1）~ 步骤（5）的操作，分别制作其余图标，整体效果如图 6-50 所示。

图 6-48 标签栏“首页”图标效果

图 6-49 添加“椭圆”后效果

图 6-50 标签栏整体效果

完成标签栏制作后，请进行评价，“标签栏”评价表如表 6-13 所示。

表 6-13 “标签栏”评价表

评 价 指 标	自评(√)	师评(√)	团队评(√)
创建文件并能正确设置尺寸及网格参考			
能使用钢笔工具或形状工具绘制标签的形状			
能将绘制好的图标移至“首页”文档中，并设置合适的大小			
能使用椭圆工具绘制正圆，并填充颜色			
能创建文字图层，并对文字进行字体、字号、颜色的设置			
能使标签整体风格统一，视觉协调			
能够对标签进行创新设计			

6.4 “黄河文化”界面设计技能梳理

本项目技能梳理思维导图如图 6-51 所示。

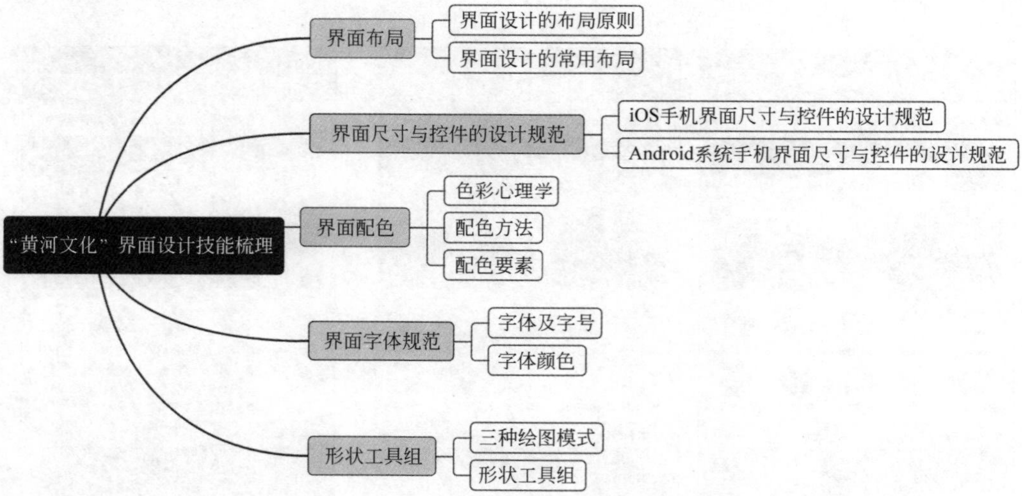

图 6-51 项目 6 思维导图

6.4.1 界面布局

在设计手机界面时，合理的布局可以让信息看起来层次分明，用户可以很容易地找到自己想要的信息，产品的交流率和信息传递的效率也会极大地提升。常见界面布局如图 6-52 所示。

图 6-52　常见界面

1. 界面设计的布局原则

（1）对齐原则

对齐原则是通过画面中元素之间的视觉连接来创建秩序感，使画面统一而且有条理，有助于提高内容的易读性，更便于用户获取重要信息。

（2）对比原则

对比原则主要通过尺寸、色彩、造型等的改造突出界面中的重点元素，从而引起用户的关注。对比可以使开发的层级更加清晰，同时还能聚焦用户视线，让用户将焦点放在设计师想让他们看到的元素上。

（3）重复原则

重复原则是指让界面中的视觉要素在画面中重复出现，可以选择界面中任意一个视觉元素，如字体样式与大小、色彩、装饰元素以及排版方式等，其形式较为平稳、规律，具有强烈的形式美感。

（4）平衡原则

平衡原则是指让一条垂直轴两侧的重量感保持平衡，让界面呈现出一种平衡稳定的状态。设计人员在设计时可利用视觉的大重小轻、近重远轻、图重文轻、深重浅轻等原则来平衡画面。

2. 界面设计的常用布局

（1）宫格布局

宫格布局也称井字构图，是指在画面上横、竖各画两条与边平行、等分的直线，一般将画面分成相等的方块，这种布局可以在一屏内为用户呈现更多入口，引导用户快速进入二级界面，以便起到分流作用，如图 6-53 所示。

（2）列表布局

如果界面上呈现的是目录、分类等并列元素，通常会选用列表式布局，整齐美观，使用户可以快速浏览并找到自己的目标信息，如图 6-54 所示。

（3）Banner 布局

Banner 式布局能够直观体现整个页面的整体风格，留白空间较大，使得整个画面显得简洁大气，这种布局更注重突出自身风格，如图 6-55 所示。

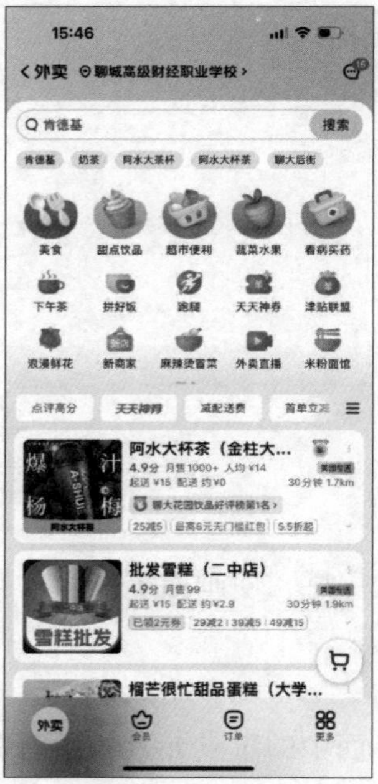

图 6-53　宫格布局

图 6-54　列表布局

图 6-55　Banner 布局

（4）卡片式布局

在各个 App 中常见的那些承载着图片、文字等内容的矩形区块就是所说的卡片，卡片存在的方式多种多样，当你单击它的时候能够看到更多详细的内容，一般把这种容器称为“卡片”。从另一方面来说，它也指那些包含一定图片和文本信息在内的长方形，作为指向更多详细信息的一个入口。

6.4.2　界面尺寸与控件的设计规范

界面尺寸和空间设计规范是每一个 UI 设计师必须掌握的知识，这样才能保证制作出来的界面与控件符合制作要求。本节将从 iOS 系统手机和 Android 系统手机的界面尺寸与控件规范两个方面进行讲解。

1. iOS 手机界面尺寸与控件的设计规范

（1）iOS 手机界面尺寸

iPhone 手机虽然有许多型号，且界面分辨率也不尽相同，但为了保证适配性，在工作中通常会选择 iPhone 6 的分辨率（750px×1334px）作为界面的输出大小。其中状态栏高度为 40px，导航栏 88px，标签栏 98px，如图 6-56 所示。

（2）图标尺寸

在同一款软件中，经常会用到许多图标，而这些图标在不同的页面中时，会有不同的要求。图标按功能可以分为两类，分别是可单击图标和描述性图标。可单击图标的最小范围不要小于 40px×40px，其中最常见的是 48px×48px 的图标，单击之后可以跳转到相应的页面或产生反馈，此外还有 32px×32px 的图标。描述性图标的大小一般为 24px×24px，其目的是用来加强易读性，并不具备独立操作，如图 6-57 所示。

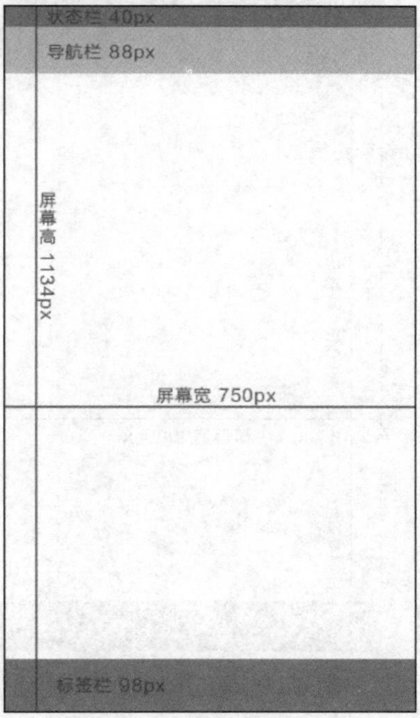

图 6-56　iOS 界面尺寸

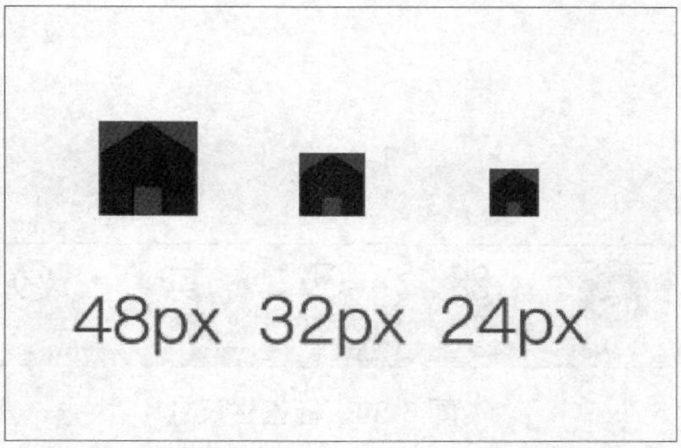

图 6-57　图标尺寸

（3）状态栏和导航栏

从 iOS 7 开始，导航栏和状态栏通常会选择统一的颜色。在 iPhone 6 的设计规范中，导航栏的整体高度为 128px（原有状态栏与导航栏的总和），标题大小为 34px（字体可以选择性加粗），如果是以文字表示的导航栏按钮（如“返回”），则选用 32px 的字号大小，如图 6-58 所示。

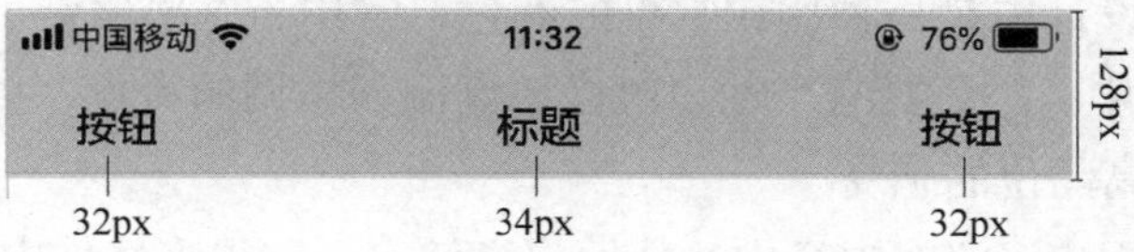

图 6-58　状态栏和导航栏尺寸

（4）标签栏

标签栏一般出现在软件界面的首页，用于主要页面之间的切换，切换时标签栏不会消失。标签栏整体高度为98px，底部按钮的文字大小为20px，图标大小可设置为48px×48px或44px×44px。一般来说，标签栏的按钮个数不会超过5个，如图6-59所示。

2. Android系统手机界面尺寸与控件的设计规范

Android系统手机的界面尺寸一般设计为1080px×1920px，其中状态栏高度为72px，导航栏高度为168px，底部栏的高度为144px，如图6-60所示。

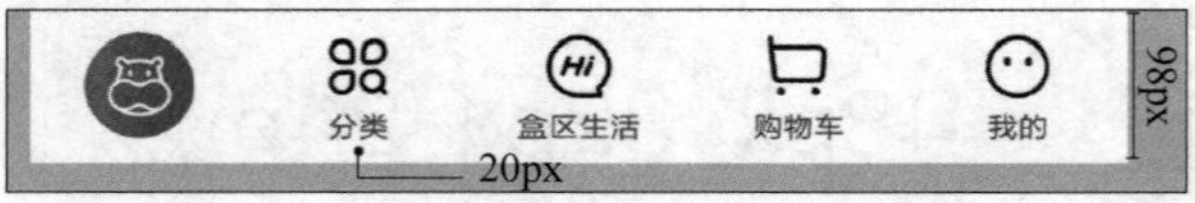

图6-59　标签栏尺寸

图6-60　Android界面尺寸

6.4.3　界面配色

不同类型的App会使用不同色彩的界面。

1. 色彩心理学

不同的颜色会带给人们不同的心理感受。这种感受也会影响用户在使用App时的感受，下面简单介绍几种常见的颜色所适合的设计方向。

黑色在界面设计中是一种比较常见的颜色，常用于一些服装、奢侈品和电子产品等App的设计中。黑色具有个性、时尚、潮流和格调的特点，以黑色为主色调的页面会给人一种高品位的感受。

蓝色可以让用户沉浸在内容中，从而提高效率，在很多软件中都会使用。

绿色代表清新、希望、舒适和生命等特点，常用于一些检测软件或旅游软件中。绿色因有下跌的意思，所以不能在金融类软件中使用。

黄色象征活力、希望、乐观和光明，同时黄色也具有增强食欲感的作用。黄色的明度最高，在设计页面时需要用一些较深的颜色平衡画面，从而降低视觉疲劳。

橙色具有温暖、活跃、欢乐和成熟的特点，不仅能促进食欲，还能强化视觉感受。在美食类和消费类的 App 中常用到橙色。

红色象征喜庆、热烈、吉祥和爱情，可以烘托页面气氛，因此经常用在一些活动页面上。红色的饱和度很高，具有很强的提示性，将按钮设计成红色，可以突出表现该信息，如图 6-61 所示。

图 6-61 黄色、橙色、蓝色界面设计

2. 配色方法

在一个界面中会存在一个主色，其余的色彩则是辅助色。在界定界面主色时要选择饱和度较高的颜色作为主色，这样设计的界面会很稳定。那么如何选择合适的辅助色？可以从主色的互补色和冷暖色入手。

互补色在颜色搭配中是最突出的，会给用户留下强烈的、鲜明的印象，但这种配色运用得过多也会造成视觉疲劳。在界面设计中，常用的互补色有 3 组，分别是蓝橙、紫黄和红绿。很多 App 都是用这种互补色的配色吸引用户单击。

冷暖色不仅限于界面设计，在绝大多数配色中都是很重要的配色方法。冷暖色会让画面显得平衡、出彩且不单调。在遇到页面中有很多图标时，就可以采用冷暖搭配的方法区分图标的类型，不仅可以让零散的分类井井有条，还会让页面显得不那么眼花缭乱，支付宝主页就是很好的例子，如图 6-62 所示。

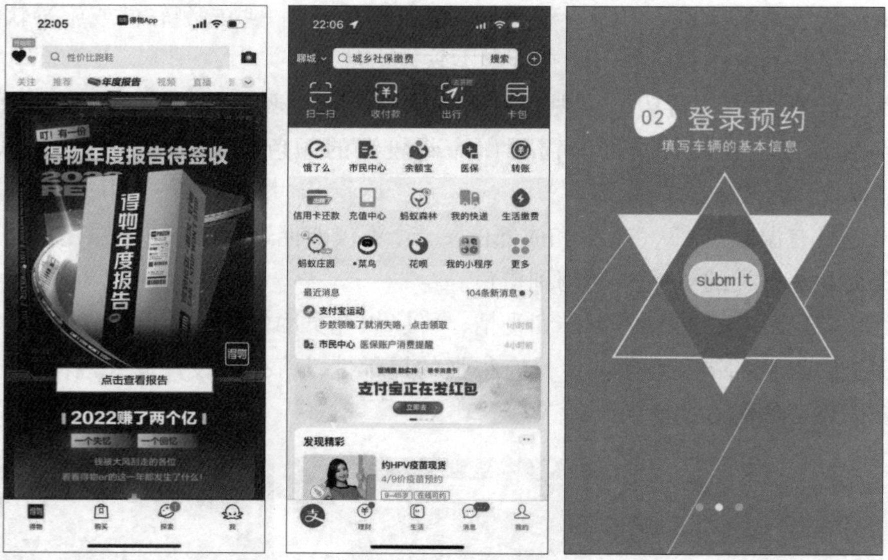

图 6-62　黑色、蓝色、绿色界面设计

3. 配色要素

在一个页面中，一般是由三部分颜色组成，分别是主色、辅助色和点睛色。

（1）主色：体现产品的文化方向和定位，通常与品牌 LOGO 的颜色一致。在设计页面时，会将主色调运用在状态栏、导航栏、搜索框和按钮处，例如在学习强国页面中是以红色为主色，如图 6-63 所示。

（2）辅助色：补充主色，起到辅助作用，并用来平衡画面。一般会使用暖色的互补色或对比色调，既可以平衡页面，还能体现前后层次，例如在学习强国页面中，辅助色为白色。

（3）点睛色：也就是点缀色，使用的占比很小，有些页面中会使用，视觉效果比较醒目。点睛色的饱和度高、更为明亮，起到活跃气氛，突出主次的作用。在页面中使用红色或者橙色作为点睛色比较多，常用于收藏按钮、点赞按钮等。在学习强国页面中，使用了和主色相同的红色作为点睛色。

图 6-63　学习强国首页

6.4.4　界面字体规范

作为一名合格的 UI 设计师，必须清楚字号和字体颜色在界面中的使用方式，以此保证整个界面字体的统一性。

1. 字体及字号

iOS 的系统字体是“苹方”，具有很强的现代感且清晰易读。在设计 iOS 系统的界面时，长文本的字号为 26~34px，短文本的字号为 28~32px，注释类文字的字号为 24~28px。

Android 的系统字体是 Roboto 系列和 Noto 系列，每个系列的字体都有不同的类型。

App 是由多个页面共同组成的，为了保证统一性，在颜色、字号和间距上都要有一套统一的标准。App 的设计稿一般是按照 iPhone 6 的尺寸进行设计，因此需要了解该种机型的字号标准，如图 6-64 所示。

2. 字体颜色

界面中的文字分为主文、副文和提示文案 3 个层级。在白色背景下，字体颜色的层次分别为灰色、深灰色和黑色。在浅灰色的背景中，分隔线可以使用两种灰色。当然这些颜色并不是固定的，可以根据界面的设计风格进行搭配，如图 6-65 所示。

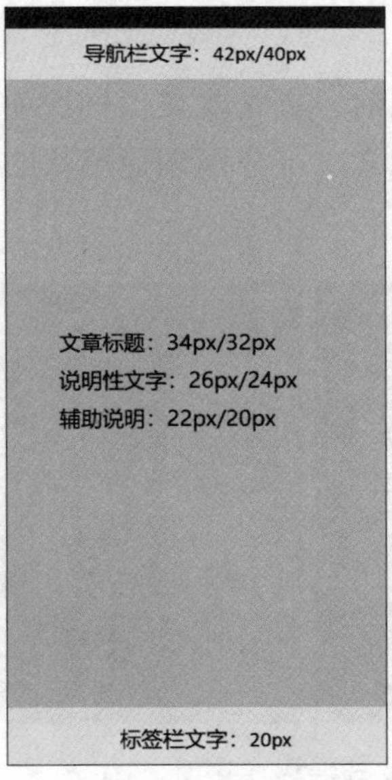

图 6-64　iOS 常用字号

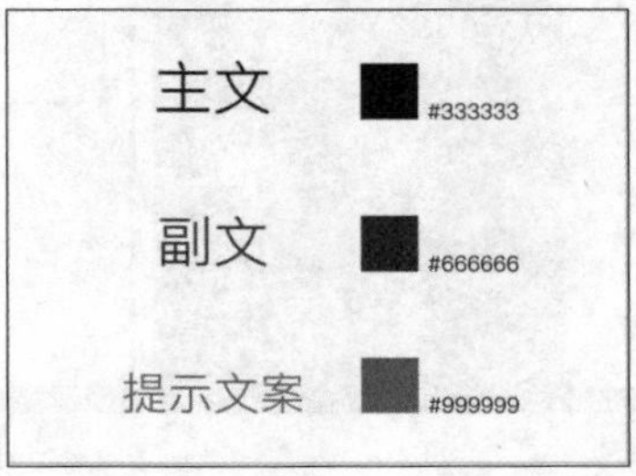

图 6-65　字体颜色

6.4.5　形状工具组

形状工具组可以创建出多种矢量形状，所包含的工具如图 6-66 所示。可以使用的工具模式有：形状、路径和像素。

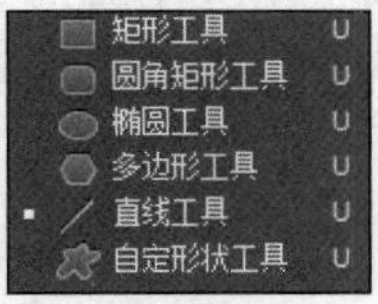

图 6-66　形状工具组

选择“形状”或“路径”模式并使用“矩形工具”“圆角矩形工具”或“椭圆工具”时，在选项栏设置后可在图像中拖动鼠标，依据鼠标的拖动和设置得到相应的形状；形状绘制后，弹出相应属性对话框，可进一步调整形状的高度、宽度、位置等设置实时形状属性，如图 6-67 所示。

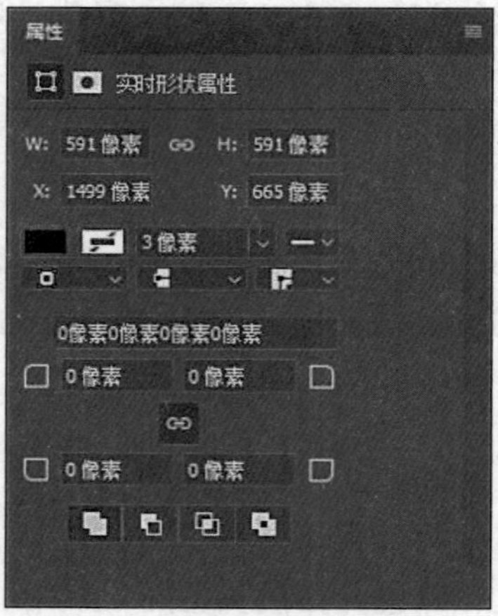

图 6-67 “属性”对话框

1. 三种绘图模式

在 Photoshop 中使用形状工具或钢笔工具绘图前，首先要在工具选项栏中选取一种绘图模式，三种模式分别是：形状、路径和像素，可分别创建形状图层、工作路径和栅格化的像素对象，如图 6-68 所示。

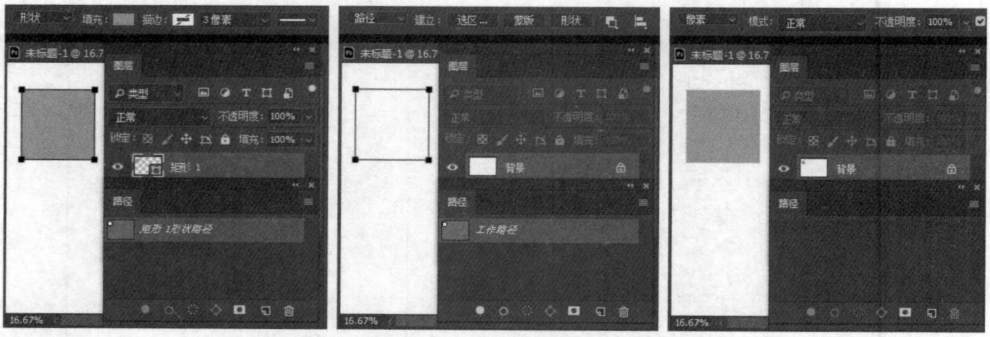

图 6-68 形状、路径、像素三种模式

（1）形状

会自动创建新的形状图层。形状轮廓是路径，可以设置填充和描边，在“路径”面板中会出现对应的形状路径，工具属性栏如图 6-69 所示。

图 6-69 形状模式工具属性栏

填充：类型包括无、纯色、渐变和图案，单击“设置填充类型”按钮，从弹出的选项面板中可以选择填充的类型，如图 6-70 所示。

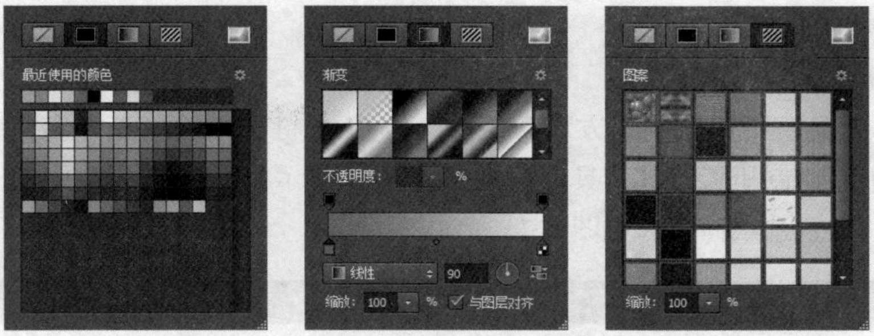

图 6-70　填充类型分别为“纯色”“渐变”“图案”的选项面板

描边：分别设置描边类型、描边宽度和描边线型。描边类型与填充类型设置相同，也包括无、纯色、渐变和图案。

宽和高：其文本框可显示或更改形状的宽度（W）和高度（H）。

对齐边缘：绘制形状时可自动对齐网格，执行菜单“视图”→“显示”→“网格”命令，打开网格显示，常用于比例路径的绘制。

（2）路径

会在“路径”面板中创建一个临时的工作路径，“图层”面板没有变化，其工具属性栏如图 6-71 所示。

图 6-71　“路径”模式工具属性栏

建立：绘制完路径后单击相应的按钮，即可将路径转换为选区、矢量蒙版和形状图层。

路径操作：选项如图 6-71 所示，可以实现新绘制的路径与图像中原路径的相加、相减和相交等运算（新建图层仅在“形状”模式时可用）。

设置其他钢笔和路径选项：可以设置绘制路径的颜色、样式、粗细，这是 Photoshop CC 2022 新增功能。选中橡皮带选项，可在绘制路径的同时观察到路径的走向。

（3）像素

可以在图层上填充像素，类似于建立选区后填充颜色，是栅格化的图像，而不是矢量图形。在选项栏中可以设置模式和不透明度，钢笔工具不能使用该模式，“像素”模式工具属性栏如图 6-72 所示。

图 6-72　“像素”模式工具属性栏

2. 形状工具组

（1）矩形工具

“矩形工具”可以绘制正方形和矩形，按 Shift 键可以绘制正方形，按 Alt 键可以落点为中心绘制矩形。其工具属性栏如图 6-73 所示，单击选项栏的按钮，打开“矩形工具”的设置选项面板，如图 6-74 所示。

图 6-73 “矩形工具”属性栏

图 6-74 “矩形工具”选项面板

不受约束：根据鼠标的拖动轨迹决定矩形的大小，是默认选项。

方形：选中此项，可以用来绘制正方形。

固定大小：可以设置矩形的长宽尺寸，从而绘制指定大小的矩形。

比例：用于设置绘制矩形的长宽比例。

从中心：绘制矩形时可以从中心点发散绘制。

（2）圆角矩形工具

“圆角矩形工具”可创建具有圆角的矩形，其选项栏与“矩形工具”基本相同，只是多了一个“半径”选项，用于设置圆角矩形的圆角半径大小，其工具属性栏如图 6-75 所示。

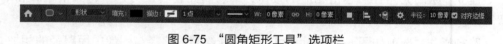

图 6-75 “圆角矩形工具”选项栏

（3）椭圆工具

“椭圆工具”用于绘制椭圆或圆形，选项面板如图 6-76 所示，单击选项栏的按钮，打开“椭圆工具”的工具选项栏，如图 6-77 所示，各参数功能与“矩形工具”相似。

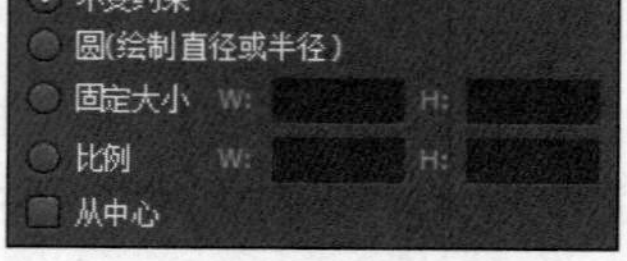

图 6-76 “椭圆工具”选项面板

图 6-77 “椭圆工具”的工具选项栏

（4）多边形工具

“多边形工具”可以创建出正多边形和星形，单击选项栏的按钮，打开“多边形工具”的工具选项面板，如图 6-78 所示，可以设置边数范围 3~100，选择“形状”或“路径”模式使用时，在选项栏设置后可在图像中生成形状，也可以直接在图像中单击，弹出“创建多边形”对话框，设置后单击“确定”按钮生成形状，如图 6-79 所示。

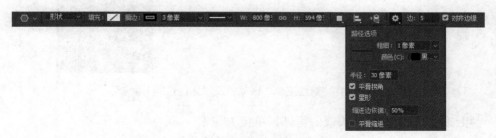

图 6-78 “多边形工具”选项栏及设置面板

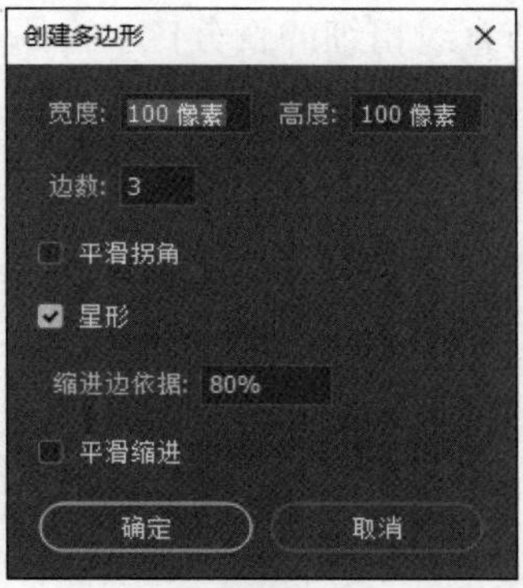

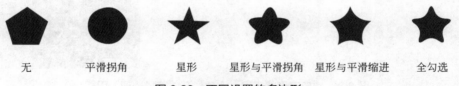

图 6-79 “创建多边形”对话框

半径：指定多边形中心与各顶点之间的距离。

平滑拐角：用来控制绘制的多边形的顶点是否平滑。

星形：选中该项，借助“缩进边依据”选项，可以设置星形多边形各边向内的凹陷程度。

平滑缩进：用来控制星形多边形的各边是否平滑凹陷。

当填充色设置为“红色”，边为 5，缩进边依据为 50% 时，设置多边形各选项的效果如图 6-80 所示。

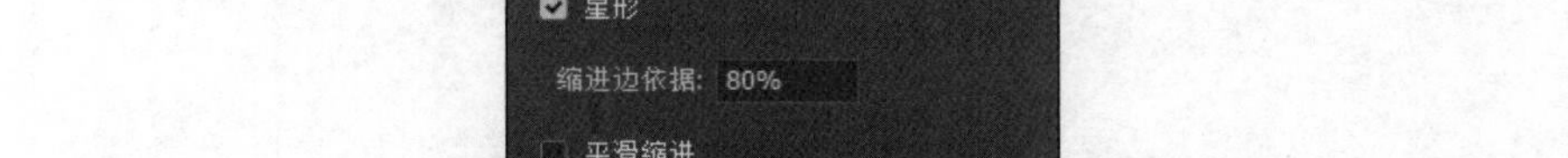

无　平滑拐角　星形　星形与平滑拐角　星形与平滑缩进　全勾选

图 6-80 不同设置的多边形

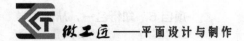

（5）直线工具

“直线工具”可以创建直线和带有箭头的形状或路径，单击选项栏的按钮，其工具选项面板如图 6-81 所示。

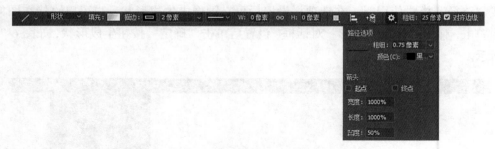

图 6-81 “直线工具”选项栏及“路径选项”面板

粗细：设置直线或箭头线的粗细，单位为像素。

起点 / 终点：勾选起点，可在直线的起点处添加箭头；勾选终点，可在直线的终点处添加箭头；同时勾选“起点”和“终点”，可在两头都添加箭头。

宽度：设置箭头的宽度与直线粗细的百分比。

长度：设置箭头的长度与直线粗细的百分比。

凹度：改变箭头的凹凸程度，当凹度分别为 0%、50%、−50% 时的效果如图 6-82 所示。

图 6-82 凹度分别为 0%、50%、− 50% 的箭头效果

（6）自定形状工具

“自定形状工具”可以绘制出各种形状，其选项栏与“矩形工具”基本相同，只是多了“形状”选项，从下拉列表中可选择所要绘制的自定形状，如图 6-83 所示。这些形状既可以是 Photoshop 预设的形状，也可以是自定义或载入的形状。

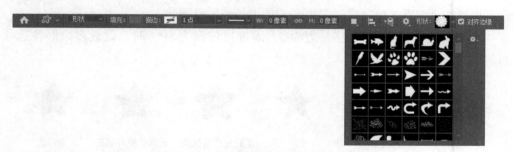

图 6-83 “自定形状工具”选项栏及“路径选项”面板

6.5 “黄河文化”界面设计项目检测

1. 填空题

（1）形状工具组有__________、__________、__________三种模式。

（2）__________模式会在“路径”面板中生成工作路径，图层面板没有变化；__________模式是生成栅格化的图像，而不是矢量图形；__________模式会自动生成形状图层，而且在“路径”面板中会生成相应的“形状路径”

（3）多边形工具可以绘制__________和__________，最少边数为__________，__________是指控制多边形各顶点是否平滑。

2. 选择题

（1）绘制模式只能使用“形状”和“路径”的工具是（　　）。

A. 钢笔工具　　B. 矩形工具　　C. 椭圆工具　　D. 自定义形状工具

（2）在 Photoshop 中，要画出图形✿需要的工具是（　　）。

A. 自定形状工具　　B. 多边形工具　　C. 矩形工具　　D. 椭圆工具

（3）在“多边形工具”中，用来控制星形多边形的各边是否平滑凹陷的是（　　）。

A. 半径　　B. 平滑拐角　　C. 平滑缩进　　D. 星形

3. 设计题

通过学习“黄河文化”界面设计首页的制作，尝试自主设计二级页面“旅游”，要求和首页风格相似，符合界面设计规范，色彩搭配协调。样例设计效果如图 6-84 所示，扫描图右侧二维码可观看样例操作视频。

图 6-84　旅游页面效果图

二级页面“旅游”
设计微课

参 考 文 献

[1] 陈根 . 平面设计看这本就够了（全彩升级版）[M]. 北京：化学工业出版社，2019.
[2] 沈玥 . 平面设计全书 [M]. 北京：电子工业出版社，2020.
[3] 阿涛 .VI 设计规范与应用自学手册 [M]. 北京：人民邮电出版社，2020.
[4] 胡卫军 . 设计全书 [M]. 北京：电子工业出版社，2020.
[5] 小强老师 . 设计力从创意到实践 [M]. 北京：电子工业出版社，2021.
[6] 方敏 . 字体设计 [M]. 北京：化学工业出版社，2022.
[7] 陈根 . 设计入门一本就够 [M]. 北京：化学工业出版社，2022.